マテリアル環境工学

デュアルチェーンマネジメントの技術

足立芳寛
松野泰也
醍醐市朗

東京大学出版会

Methodology for a Sound Material Cycle

Yoshihiro ADACHI, Yasunari MATSUNO and Ichiro DAIGO

University of Tokyo Press, 2010
ISBN 978-4-13-062828-0

まえがき

　工学の発展は，18世紀にT. S. マルサスが「人口の原理」で指摘した危機を克服し，60億人以上の人々の暮しを可能としてきた．しかしながらこの大成功の歪みとして，地球環境問題が目に見えない形で進行しており，今や地球の温暖化などの気候の変動現象として顕在化しつつある．これらは，地球資源の大量消費に伴うものであり，資源需給の逼迫，価格高騰，資源開発の促進という経済合理性，市場原理のサイクルの中で，さらなる消費拡大の構図が加速されてきたといえよう．市場原理が加速する資源の大量消費は，温暖化効果ガスCO_2の恒常的な大規模排出を招き，その地球環境への影響は，長期的かつ広範囲の蓄積，滞留時間を経て，気候変動というわれわれの生活に甚大な影響を及ぼす危機を招こうとしている．

　人類は「工学的イノベーション」によってもたらされる豊かさを可能にする「魔法の杖」に潜む地球環境の破壊という負の側面，ただちには目に見えない脅威に立ち向かわなければならない．地球環境問題の特質は，この影響の顕在化までの時間の遅延性と，影響範囲が地球全体に及ぶという広域性にあるといえる．「工学的イノベーション」の創り出した「工業化社会」は，その創造主であるわれわれに"工学"による補正を求めている．今，必要とされるのは，経済合理性という規範で進化してきた「工業化社会」から，「環境合理性」ともいえる規範による地球への環境負荷の最小化を目ざした「環境社会」への転換であるといえよう．この「工業化社会」から「環境社会」への転換は，「工業化社会」がより経済合理的であるという明確な進化基準で自立的発展してきたのに対し，「環境社会」という姿は，概念的に存在しても，明確な基準の下で自立的な形成が進行しないという特色を有する．このため，どのような対応をとることが環境負荷の最小化に有効であるかを予測すること，効果量を見極める定量化のためのシミュレーション手法の開発が重要となってくる．これが，"環境の見える化"技術であり，その開発が必要とされ

る所以である．様々な「工学的イノベーション」の環境面からの貢献量を最大化するため，複雑な社会系の中での効果量を予測評価することが，「環境社会」への合理的な移行に重要な要素となる．この場合"環境の見える化"技術は，その「工学的イノベーション」による効果をライフサイクル全体の時間軸で捉えるとともに，環境社会全体の中での広範囲な領域に及ぶ効果量を総合的に把握，提示する必要がある．

　本書では，より最適な「環境社会」をデザインし，より合理的に構築し，最適に補正していくために，この"環境の見える化"技術，総合的予測シミュレーション技術を，工学の川上分野であるマテリアル領域において適用したものを「マテリアル環境工学」と位置づけ，その具体的解析手法を記述することとした．

　本書の作成にあたっては，姉妹編ともいえる『環境システム工学』に引き続き，構想段階から熱心に議論に参画いただいた元東京大学出版会佐藤修氏，および出版に際し多大な貢献をいただいた同出版会の関係各位に感謝申し上げる．

　　2010 年 8 月

著者を代表して
足立芳寛

目次

まえがき　i

1章　マテリアル環境工学とは　……………………………………………1

1.1　工業化社会から環境社会へ　1
  1.1.1　工業化社会　1
  1.1.2　環境社会　2
1.2　デュアルチェーンマネジメント　4
  1.2.1　サプライチェーンマネジメント　4
1.3　デュアルチェーンマネジメントを実現するツール　6
  1.3.1　規制的ツール　6
  1.3.2　経済メカニズムを利用したツール　7
1.4　環境社会の形成ツールへ　9
  参考文献　10

2章　マテリアル環境工学の手法　……………………………………11

2.1　環境負荷を定量的に知る―ライフサイクルアセスメント　11
  2.1.1　本節のねらい　11
  2.1.2　インベントリ分析の実施方法：積み上げ法と行列法　12
  2.1.3　行列法とは　14
  2.1.4　リサイクルによるクレジットの計上　23
  参考文献　25

2.2　製品の寿命を考慮する―ポピュレーションバランスモデル　26
  2.2.1　本節のねらい　26
  2.2.2　ツールの概要　26

2.2.3　ツールの発展　29
2.2.4　離散型関数としての適用　33
2.2.5　製品寿命分布　37
　コラム　最弱連鎖モデル　40
　参考文献　46
　コラム　様々な製品の寿命　47

2.3　リサイクルの可能性を調べる―マテリアルフロー分析　49
2.3.1　本節のねらい　49
2.3.2　マテリアルフロー分析の発展　50
2.3.3　物質総量を対象としたMFA　51
2.3.4　特定の物質を対象としたMFA　53
2.3.5　物質フローから物質ストックへ　56
2.3.6　MFAの実施方法　62
2.3.7　物質ストック量の将来動向　68
　参考文献　73

2.4　素材の「ライフサイクル機能量」を推計する
　　　―マルコフ連鎖モデル　77
2.4.1　本節のねらい　77
2.4.2　仮想モデルにおける素材のライフサイクル機能量　77
2.4.3　マルコフ連鎖モデルの適用　79
　参考文献　88

2.5　素材リサイクルを最適化する―マテリアルピンチ解析　89
2.5.1　本節のねらい　89
2.5.2　解析手法　89
2.5.3　マテリアルピンチ解析の適用　92
　参考文献　98

2.6　製品の解体しやすさをはかる―製品解体性評価ツール　99

2.6.1　本節のねらい　99
2.6.2　ツールの発展　100
2.6.3　易解体設計の実現に向けて　116
　　参考文献　117

3章　マテリアル環境工学の実践　119

3.1　銅素材の動的マテリアルフロー分析　119
3.1.1　本節のねらい　119
3.1.2　動的マテリアルフロー分析のデータ整備　121
3.1.3　動的マテリアルフロー分析の結果　128
3.1.4　銅および銅合金のスクラップ　129
　　参考文献　134

3.2　マルコフ連鎖モデル事例研究
　　　―木材パルプのライフサイクル機能量解析　137
3.2.1　本節のねらい　137
3.2.2　木材パルプのマテリアルフロー　138
3.2.3　マテリアルフローに基づく状態推移表の作成　139
3.2.4　状態推移確率行列の作成とライフサイクル機能量の算出　140
3.2.5　素材の使用回数別割合　145
3.2.6　感度解析　148
3.2.7　解析結果（日本国内における木材パルプのライフサイクル機能量）　149
3.2.8　解析結果（原料パルプの使用回数）　149
3.2.9　解析結果（感度解析：印刷・情報用紙における古紙消費率の増加が及ぼす影響）　154
　　参考文献　155

3.3　マテリアルピンチ解析の事例研究
　　　―日本国内のアルミニウムのリサイクルフローの最適化　157
3.3.1　本節のねらい　157

3.3.2　アルミニウムリサイクルにおけるトランプエレメント　159
　3.3.3　アルミニウムのマテリアルフローモデル化　160
　3.3.4　目的関数　161
　3.3.5　シナリオ解析　162
　3.3.6　感度解析　163
　3.3.7　解析結果と考察　163
　　参考文献　168

3.4　電気製品の解体性評価　169
　3.4.1　本節のねらい　169
　3.4.2　製品情報および社会情報　169
　3.4.3　機械選別による素材単体分離率　172
　3.4.4　最適化の結果　172
　3.4.5　設計改善による効果　174
　　参考文献　176

4章　環境の「見える化」技術に向けて　177

4.1　環境の見える化技術　177
　4.1.1　環境とは　177
　4.1.2　見える化の推進　178
　4.1.3　見える化技術　179
　4.1.4　見せる化指標　179
　　コラム　3つのタイプのエコラベル　183
　　コラム　エコロジカルフットプリント　184
　　コラム　カーボンフットプリント　185
4.2　環境社会のデザインに向けて　185
　　参考文献　187

索引　191
著者紹介　194

1章
マテリアル環境工学とは

1.1 工業化社会から環境社会へ

1.1.1 工業化社会

　人類は，18世紀後半に「産業革命」に成功し，産業，経済，社会上で，大発展を遂げた．以来200年間，石炭から石油エネルギーへの転機を通じて，繊維工業，機械工業から，鉄鋼業などの金属産業，化学工業へと爆発的なエネルギーの消費と，あらゆる物資の大量生産，大量消費の時代を迎えることとなった．人々は，豊かな生活を求め，鉱物資源の採集から，その有用資源の抽出方法，加工方法を「工学（エンジニアリング）」と位置づけた技術体系に進化させ，飛躍的発展に邁進することとなる．これらの発展のゲームの過程で唯一の基本ルールは，「経済的に合理的か」という点に集約されてきた．「工学（エンジニアリング）」という研究領域でも，その点は同じで，経済的に合理的であること，いかに自然界から目的の有用な資源を「効率」良く手に入れるか，つまりあらゆるプロセスでの生産性の最大化を追求するという目標に向かい，研究されてきたといえよう．「工学」によって，人類は便利な道具，使いやすい装置，つまり豊かで幸せな日々の生活を具現化して，今日の繁栄を手にしてきたのである．このように，学問領域としての工学は「数学と自然科学を基礎とし，時には人文社会科学の知見を用いて，公共の安全，健康，福祉のために有用な事物や快適な環境を構築することを目的とする学問系」と位置づけられてきた．

　このため，工学の成果は「有用な事物」や「快適な生活環境」を実現する製品として，各種の産業を形成することとなる．それらの製品は「附加価値の創造」をもたらし，社会は拡大繁栄し，個人は個々の欲求を充足すること

になる．貨幣経済のもとでの利潤の追求とその拡大は，そのための自立的な大きな推進エネルギーとなる．工学という技術開発行為は，その成果物である製品が「市場（マーケット）」における競争によりその対価が厳正中立に判断される，いわゆる市場メカニズム，つまり自動的に選別されるシステムによって爆発的に発展してきた．この点は，人類の知的好奇心の充足をその源とする他の学問領域とは，その発達のスピードにおいて，異なった展開を遂げてきたともいえる．もちろん「工学領域」の発展には，他の学問領域の発展が不可欠である点で，市場からのメッセージは，全学問領域の発展を促している面もあるが，地球資源の消費のスピードという点では，工学の発展スピードの影響は格段に大きいものがある．こうした市場メカニズムによって，活動エネルギーを得た技術開発は，「イノベーション」という新しいアイデアの製品化をもたらし，市場化し，創意・工夫による新たな価値創造の世界を発展させてきた．

1.1.2　環境社会

18世紀後半からの，産業革命という工学による技術開発は，市場原理によってその莫大な果実をその推進者にご褒美としてもたらすとともに，工学だけの手柄だけではないが，人類の生活水準の飛躍的な改善をもたらした．人々は，より豊かな生活を得ようと「富」を求め，「富」は図1.1に示すよう

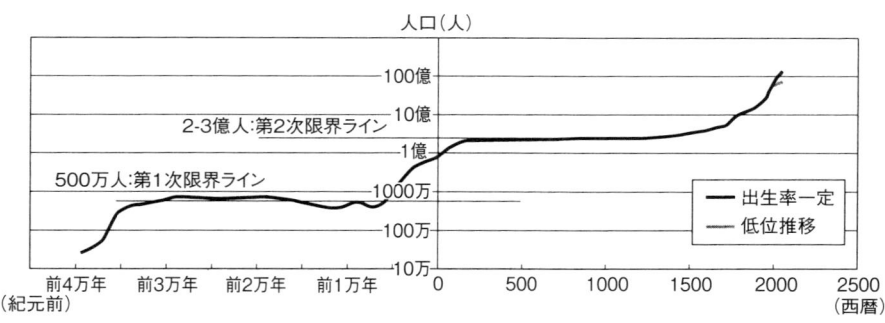

図1.1　世界人口の推移

出典：Population Division of the Department of Economic and Social Affairs of the United Nations Secretariat (2009): World Population Prospects: *The 2008 Revision, Highlights.* New York, United Nations.
足立芳寛ほか (2004)：環境システム工学，東京大学出版会，p.12.

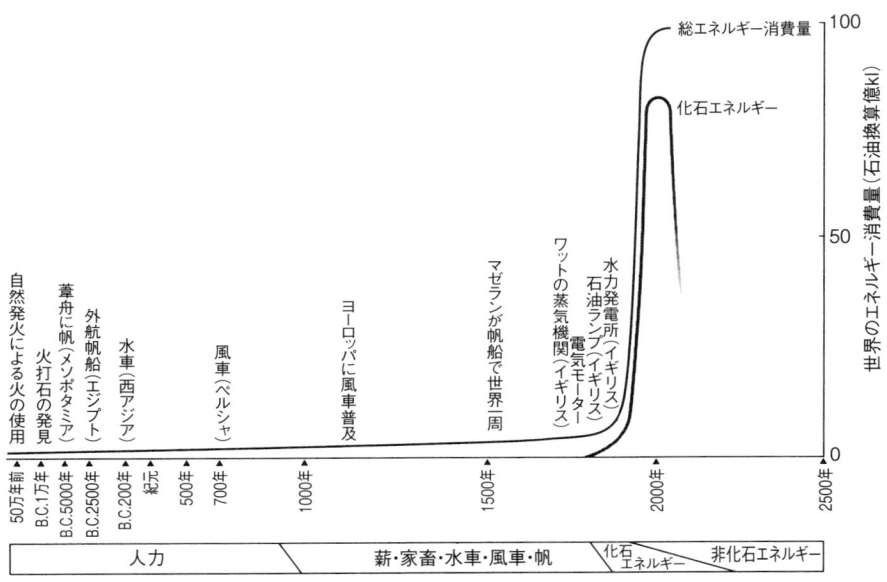

図1.2　世界エネルギー消費量の推移

出典：足立芳寛ほか（2004）：環境システム工学，東京大学出版会，p.14.

な人口の拡大，図1.2に示すようなエネルギーの膨大な供給への投資を可能とし，そのことがさらなる大量生産，大量消費構造を誘発してきた．

　風向きが変わってきたのが，20世紀の後半である．大量の資源の消費と様々な分野での膨大な製品の供給，生活水準の向上は，地球の扶養可能人口の爆発的拡大を可能とし，人口そのものの増加と1人あたり資源消費量の拡大は，各地での局所的な汚染現象である公害問題から，全地球的現象である「地球温暖化問題」「資源エネルギー枯渇問題」の顕在化を招くこととなった．21世紀に入り，人類の克服すべき課題は，自然からの「恵み」ともいえる，われわれの住む空間環境も含めたすべての「資源」といかに共生していくか，いかに有効活用して次世代に引き継ぐかに集約されよう．

　「工業化社会」は，市場原理，市場メカニズムがその進化のエネルギーを自動供給するという"欲望"の追求ともいえる拡大再生産メカニズムに乗って爆発的に発展し，いまも懲りることなく世界中で暴走している．人類は，200

年前に「工学」の有効利用先として産業革命を成功させ,現在まで爆発的な発展"ビッグバン"を遂げてきた.しかし,その「歪み」は許容し難く,世界各地で顕在化するとともに深刻化している.一刻も早く,その補正—「環境工業社会」への再設計に着手,実行する必要がある.工業化社会は自動運転が可能であるが,環境制約に配慮した「環境社会—環境配慮型工業社会」は人類には痛みを伴うこともあり,多大な熱意,努力をもって再構築していくべき課題を内在させているといえよう.

われわれには,次の世代が継続的発展を可能とするために,新しい「環境社会」の構築を行うことが求められている.そのためのグランドデザインを,すべての分野で実施実行する必要があろう.

1.2 デュアルチェーンマネジメント

1.2.1 サプライチェーンマネジメント

わが国は,「もの作り」に特化して国を繁栄させてきた国である.狭い国土と人口密度の高さは,創意工夫をして新製品を市場に供給し続けることを使命としてきた.工業化社会における成功は,顧客満足度の高い製品を,より大きなマーケットに,安価であるという価格競争力を持っているか否かにかかっていた.この場合,製品を新しい技術シーズに基づいた革新的なものに仕上げる努力は,もちろん重要であるが,さらに効果が大きいのは,地球から得られる資源を加工して最終製品に仕上げるまでの連鎖における無駄の最小化,サプライチェーンの最適化であった.この最適化の追求は,工学の「得意わざ」の1つであるが,最近は,コンピュータの活用による情報通信技術(Information and Communication Technology)と,高度な職人技という極端に異なる技術系の組み合わせが重要とされている.これら工業化社会における「もの作り」の源泉となる競争力とは何かを分析改良する研究が盛んに実施された結果,わが国の工業製品のサプライチェーンは,世界の産業界において常に優位な競争力を備えたモデルを提供し,これまでの「加工貿易立国」から"もの作り立国"に至る地位を築いてきたといえよう.

しかしながら,21世紀の人類にとっての資源の枯渇,気候変動などの地球

的規模での制約要因は，新たな「もの作り」モデルへの脱皮を不可避なものとしているといえよう．ここにおいて，現行の究極まで進化してきた「サプライチェーンモデル」を拡大進化させ，リサイクルモデルを追加すること，つまり地球資源の究極の利用を行った後に，最終的に元の地球に戻すことを総合的に包含したモデルの開発が必要となっている．

これまでの製品製造プロセスにおけるサプライチェーンモデルと，製品のEnd of Life の後のプロセスにおけるリサイクルチェーンモデルを統合したデュアルチェーンマネジメントが，これらの課題に対応できる新たな視点として導入されるべきものといえよう．

21世紀の「もの作り」は，サプライチェーンの最適化を目的とするだけでなく，生産された製品の最終処分まで，全ライフサイクルの最適化を目ざした「デュアルチェーンマネジメント」により製造されることが必要である．

図1.3の概念図が示すように，デュアルチェーンマネジメントは，「地球資源の生産性の最大化」を具現化するものであり，「リサイクル率の向上」，「最終処分形態の改善」と「最終処分場」そのものの最小化を目指したものでもある．地球資源の分散による希薄化は，将来においては大変深刻な事態として受け止める必要がある．原油の可採埋蔵量の減少は，オイルショックとして経済に大きな影響を与えるが，原油そのものは，自然界では地球上の動植

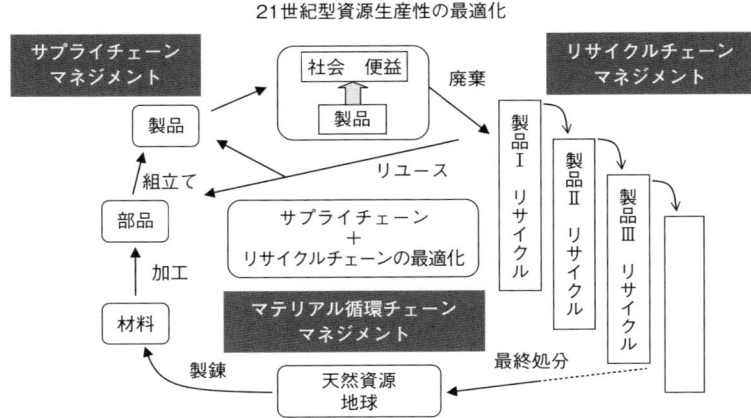

図1.3 デュアルチェーンマネジメント概念図

物から，速度は遅いものの合成されているし，人工的に十分合理的な合成を行う技術も開発可能である．しかし，工業化社会が必要とする金属系元素は，地球誕生に際してもたらされたもので，人類が核融合技術を使って合成する以外に道はなく，膨大な時間を要するものである．われわれが安易に利用しているこれらの資源は，その意味で大切に活用し，再利用を行う必要がある．その意味での"Sound Material Cycle"を可能とする最終処分までをバウンダリーと捉えた，ライフサイクルを最適化するデュアルチェーンマネジメントに基づいた「もの作りモデル」が構築されるべきである．

この「新たなもの作りモデル」は，わが国がこれまでの「工業化社会」での成功を持続し，人類が新たに目ざしている「環境配慮型工業社会」つまり「環境社会」の中核をなし，わが国産業の競争力強化に大きな貢献をするだけでなく，先進国として人類に大きな責務を果たすことにもつながるものである．

1.3 デュアルチェーンマネジメントを実現するツール

1.3.1 規制的ツール

経済合理性を規範として目ざましい発展を遂げてきた工業化社会は，人類に様々な恩恵をもたらしているが，ここにきてその拡大基調は大幅な修正を余儀なくされている．

20世紀後半から21世紀にかけて，ローマクラブの警鐘，数次のオイルショック，気候変動の顕在化などの現象は，産業革命以来の拡大成長を遂げてきた工業化社会の未来に何らかの方向転換，補正を要求している．このため，まず有効な方策は，法律による直接的規制行動である規制的措置の導入である．先進国を中心に，各国はその状況に応じて最も社会が受け入れやすく，効果的な法規制措置を採用してきたが，まだその十分な効果を得るにはほど遠く，先進工業国においてさえ環境法体系は発展の途上にあるといえる．

わが国の場合は，図1.4に示すように，環境社会構築のための法体系が制定されている．これらは環境基本法による基本理念のもとに，喫緊の課題である循環型メカニズムの導入に向けて，循環型社会形成基本法によって方向

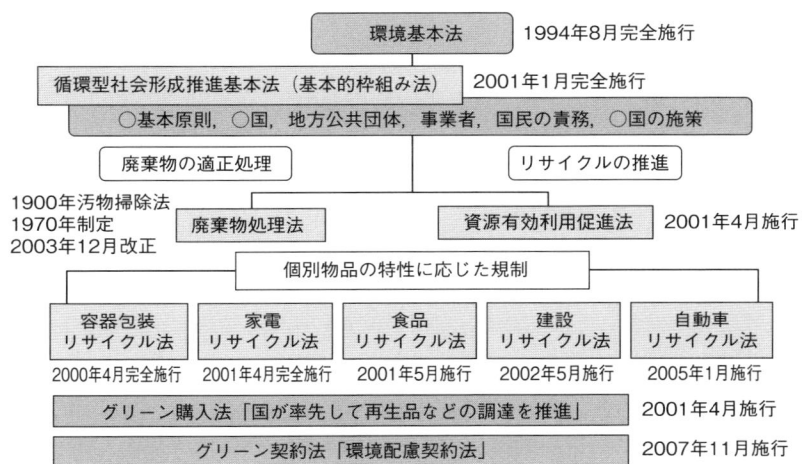

図1.4 循環型社会の法体系

性を示している．具体的には，循環型社会形成推進基本計画に基づき，図1.5に示すような3つの政策目標の提示による定量化目標の設定を行い，マクロ的な資源の有効利用のさらなる向上を図ってきた．また，個別製品毎のリサイクルチェーン確立のために，拡大生産者責任の考え方を導入し，6品目毎のリサイクルを制定してきている．

1.3.2 経済メカニズムを利用したツール

環境社会を最も合理的に形成していくツールとして期待されるのが，経済メカニズムの利用であろう．工業化社会が経済合理性の追求で爆発的に発展してきたのと同様に，経済合理性の追求が環境負荷の最小化，資源生産性の最大化につながる環境合理性の追求と同一でもあるという画期的な制度設計が導入されるなら，持続的な経済発展と環境配慮の両立が可能となる．経済合理性と環境合理性を同一のベクトルと捉えた制度設計に成功すれば，これまでの工業化社会の発展が，自動的，自発的に拡大発展を遂げてきたと同様に，先進工業国，発展途上国のいずれもが構築を迫られている環境社会が，より合理的な姿で，市場原理により自動的に拡大発展していくことが期待できる．環境社会の構築に向けて目ざすべき方向は，最も環境に配慮した企業

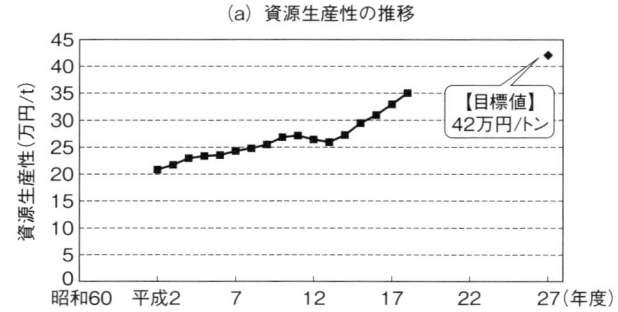

(a) 資源生産性の推移

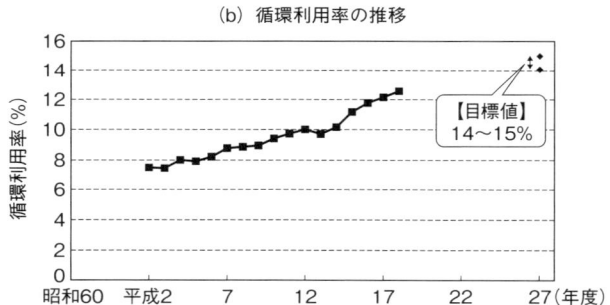

(b) 循環利用率の推移

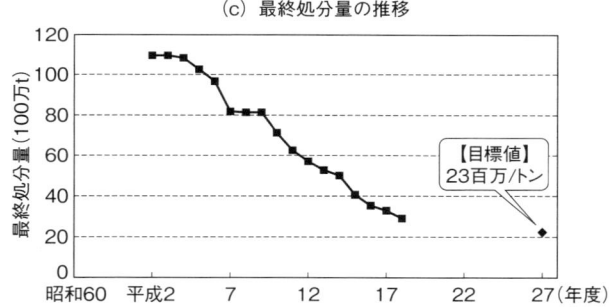

(c) 最終処分量の推移

図 1.5　循環型社会形成に向けた日本における 3 つの政策指標の目標と推移状況
(a) 資源生産性, (b) 循環利用率, (c) 最終処分量
出典：環境省：平成 21 年版環境・循環型社会・生物多様性白書, pp. 186.

活動，個人の消費活動が最も大きな利潤を得るような体系や仕組みを作ることにほかならないともいえる．

1.4 環境社会の形成ツールへ

環境社会形成への人類的課題としての緊急性は，21世紀に入りより深く認識されてきている．人類は，新たなパラダイムの構築，つまり環境に配慮した市場原理導入によって，より合理的で迅速な環境社会の構築が必要と認識するようになった．その形成への合理的な達成方策としての法規制などの規制的措置，課金や排出権取引などの経済的措置など，様々な方策が提案され試行導入されてきている．

ここにおいて必要とされているのは，これらの方策のライフサイクルにおける費用対効果の見極め，社会への普及の可能性と全効果量の把握など，方策導入時前，導入後でのシミュレーション評価と，その時点での最適解の導出，社会全体のバランスを図るというマネジメント手法の確立である．

これら，環境社会がその時点で最適デザインされて構築されつつあるか否かを常にチェックするツール群は，環境マネジメントツール（環境の"見える化"ツール）といえるものであるが，これらを工学の川上領域であるマテリアル領域で具体的に適用したものを"マテリアル環境工学"と名づけ，その

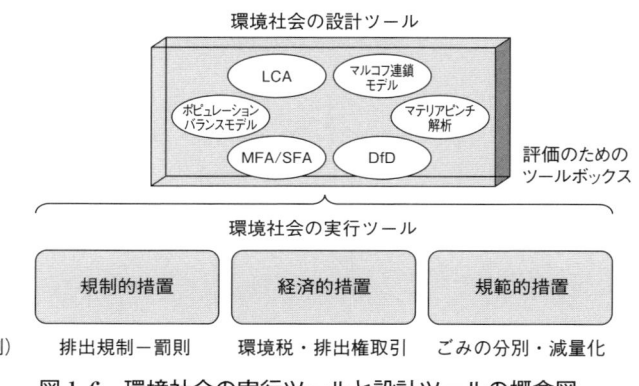

図 1.6 環境社会の実行ツールと設計ツールの概念図

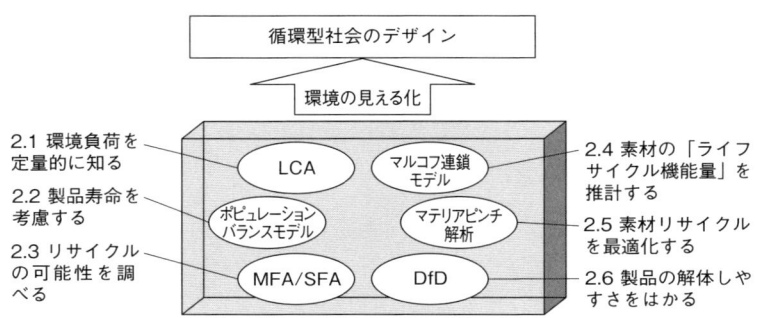

図1.7 マテリアル環境工学におけるツールボックス

開発の状況を次章以降に順次解説していくこととする．図1.6に環境社会構築のための実行ツールと，本書の主題である環境社会の設計ツールの関係を示す．また図1.7にマテリアル環境工学におけるツールボックス（道具箱）を示す．

今後，これらマテリアル環境工学のツールボックスが，より合理的で，洗練されたツール群として開発され整備され続けることを期待する．

参考文献

国立8大学工学部 (1998)：「工学における教育プログラムに関する検討委員会」報告．

シュムペーター JA, 塩野谷祐一，東畑精一，中山伊知郎訳 (1977)：経済発展の理論―企業者利潤・資本・信用・利子および景気の回転に関する一研究〈上〉・〈下〉，岩波文庫，岩波書店．

Clark KB, Takahiro F (1991): *Product Development Performance: Strategy, Organization, and Management in the World Auto Industry*, Harvard Business School.

2章
マテリアル環境工学の手法

2.1 環境負荷を定量的に知る──ライフサイクルアセスメント

2.1.1 本節のねらい

環境負荷を定量的に把握する技法としてライフサイクルアセスメント (Life Cycle Assessment: LCA) がある．LCA の最大の特長は，環境負荷の誘発量を対象とする製品やサービスを「ライフサイクル」の観点から評価することにある．

LCA の実施に関しては，ISO 14040 シリーズとして手法の国際規格化が行われ，1) 目的および調査範囲の設定 (goal and scope definition), 2) インベントリ分析 (inventory analysis), 3) 環境影響評価 (impact assessment), 4) 解釈 (interpretation) の 4 つの要素で構成されると規定されている (ISO, 2006)．

上記の 4 つの要素の中で，最も時間と手間を要するのは，インベントリ分析である．インベントリ分析では，目的と調査範囲において決定した事項に応じて，製品のライフサイクルにおいて投入される資源および環境へ排出される物質の定量を行う．製品のライフサイクルにおいて関連するプロセスを調査し，各プロセスにおける原料およびエネルギーの消費量と環境への物質の排出量に関するデータを収集する．それら収集したデータを積み上げて解析することにより，製品のライフサイクルにおいて投入される資源および環境へ排出される物質量を算出する．

このライフサイクルインベントリ分析が，LCA を実施する中で最も重要な要素である．とりわけ循環型社会においては，物質循環によるループの存在，リサイクルの取扱いなど，インベントリ分析を実施する上でテクニック

が要求される．本節では他書ではあまり解説されない，循環型社会におけるライフサイクルインベントリ分析の実施手法，とりわけマトリックス手法を中心に解説する．

2.1.2　インベントリ分析の実施方法：積み上げ法と行列法

さて，以下のような課題があったとする．

> 課題1：洗濯機のドラムに用いる材料をプラスチック樹脂からステンレス鋼へ代替することにより，節水型の洗濯機を開発した場合，ライフサイクルCO_2排出量がどれくらい変動するかを求めよ．

この課題は，CO_2排出量のみを調査範囲の対象とするので，ライフサイクル環境影響評価を行わない，ライフサイクルインベントリ分析のみの事例である．

インベントリ分析では，「目的と調査範囲の設定」に基づいて，データを収集し，機能単位あたりの環境負荷を算出する．この課題の場合では，標準タイプの洗濯機を選択し，平均的な使用状況を調査することで，機能単位を「容量5.0 kgの洗濯機1台，1日平均1.4回9年間使用」と設定しても差し支えないだろう．

そのように設定した機能単位に基づき，各洗濯機1台を製造するのに，工場において，どれだけの素材とエネルギーが使用され，環境へ物質が排出されているかを計上するであろう．調査の結果，表2.1.1のような各洗濯機1台あたりの素材使用量が得られたとする（松野ら，1996）．

この次に，各素材がどれだけの負荷を有しているか（この課題ではCO_2誘発量）を調査することになる．ポリプロピレンの場合，その川上工程には，プロピレン製造プロセスがあり，その川上工程にはナフサ製造プロセスがある．さらには，原油の輸送があり，最終的には原油の地中からの採掘がある．ポリプロピレンのCO_2誘発量を求める場合，これら各工程にて誘発されるCO_2重量を，文字通り「積み上げ」て求めることになる．

しかしながら，このように上流プロセスをたどっていくと，工程間に物質

表 2.1.1　従来型洗濯機と節水型洗濯機に使用されている素材（kg）(松野ら, 1996)

		従来型	節水型
金　属	冷間圧延鋼板	0.82	0.00
	亜鉛めっき鋼板	14.9	17.7
	ステンレス鋼板	0.25	3.37
	アルミニウム板	0.68	0.57
	銅　板	0.62	0.70
プラスチック	ポリプロピレン	8.80	6.40
	ポリスチレン	1.51	1.58
	塩化ビニル	0.28	0.41
包装材		2.93	2.93
合　計		30.8	33.7

やエネルギーのループが生じているような事例に遭遇することがある．例えば，石油火力発電では，原油と重油が消費されるが，その重油の生産プロセスでは電力が消費されている（図 2.1.1）．このような場合に，単位発電電力量あたりどれだけの環境負荷が誘発されているかに関して，厳密に解析解を求める場合には，次節で詳述する行列法を用いることになる（Suh & Huppes, 2005）．

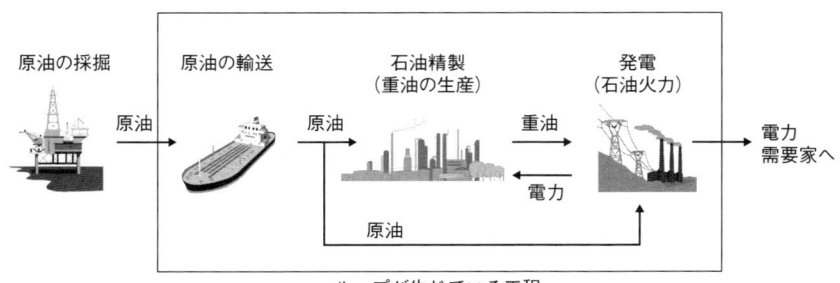

図 2.1.1　積み上げ法によりインベントリ分析を行う場合に工程間にループが生じるケース

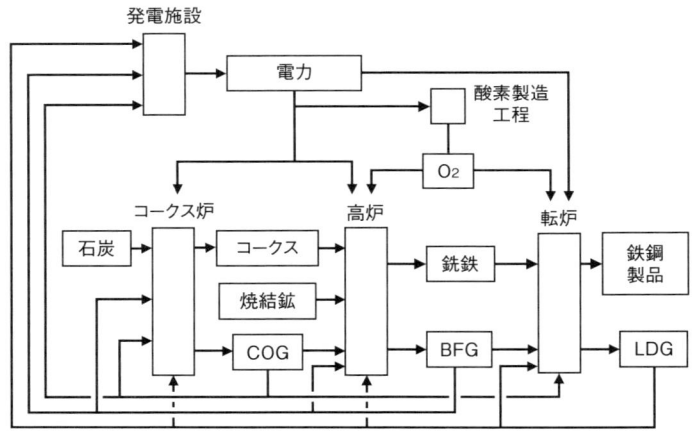

図 2.1.2　一貫製鉄所における各工程とエネルギーフローの模式図
COG（コークス炉ガス），BFG（高炉ガス），LDG（転炉ガス）．

では，次の課題はどうであろうか？

> 課題2：廃プラスチック1tを，一貫製鉄所のコークス炉または高炉に投入し，石炭およびコークスを代替した場合のCO_2排出量低減効果を求めよ．

この課題において評価対象としている製鉄所では，図 2.1.2 に示すように電力，ガスがループする複雑なフローが存在する．コークス炉や高炉に廃プラスチックを投入した場合には，コークス炉や高炉の入力と出力に変化が生じるのみならず，その変化が製鉄所全体のエネルギーバランスに影響を与える．そのエネルギーバランス全体の変化は，単純に積み上げ法を用いて解析することは困難である．そこで，行列法を用いて解析することになる．

2.1.3　行列法とは
（1）　行列法の数学的説明

以下，簡単な例と数式を用い，行列法による解析方法を説明する．

行列法とは，図 2.1.3 のようなプロセスを持つ製品において，各中間生成

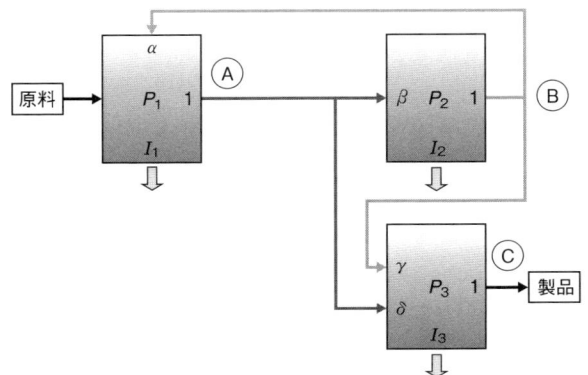

図 2.1.3 プロセス間に流れる物質にループが生じている例

物に関する物質収支の式を立て，それらを連立して解くことによってプロセス量を求め，環境負荷を算出する計算方法である．例えば，図 2.1.3 のように 3 つのプロセス P_1, P_2, P_3 において，それぞれ A, B, C という中間生成物を経て製品が作られる場合を考える．ここで α, β, γ, δ は各プロセスでの消費原単位を示し，I_1, I_2, I_3 は各プロセスでの生産物の単位生産量あたりの環境負荷排出量を示す．

物質 A に関して物質収支の式を立てると，

$$p_1 - \beta p_2 - \delta p_3 = 0 \qquad 式 (2.1.1)$$

（ここで，p_1, p_2, p_3 は，各プロセスのプロセス量を示す．）

同様にして，物質 B, C に関しても式を立てると，

$$-\alpha p_1 + p_2 - \gamma p_3 = 0 \qquad 式 (2.1.2)$$
$$p_3 = x \qquad 式 (2.1.3)$$

これら 3 式をまとめて，行列形式で表すと，以下のようになる．

$$\begin{pmatrix} 1 & -\beta & -\delta \\ -\alpha & 1 & -\gamma \\ 0 & 0 & 1 \end{pmatrix} \begin{pmatrix} p_1 \\ p_2 \\ p_3 \end{pmatrix} = \begin{pmatrix} 0 \\ 0 \\ x \end{pmatrix} \qquad 式 (2.1.4)$$

ここで，$A \equiv \begin{pmatrix} 1 & -\beta & -\delta \\ -\alpha & 1 & -\gamma \\ 0 & 0 & 1 \end{pmatrix}$ とおくと， 式（2.1.5）

$$A \begin{pmatrix} p_1 \\ p_2 \\ p_3 \end{pmatrix} = \begin{pmatrix} 0 \\ 0 \\ x \end{pmatrix} \qquad \text{式（2.1.6）}$$

と表記できる．A は係数行列である．

この行列は，正方行列であるため，その逆行列を左から掛けることによって，式に示すように，各プロセス量 P_1, P_2, P_3 を求めることができる．

$$\begin{pmatrix} p_1 \\ p_2 \\ p_3 \end{pmatrix} = A^{-1} \begin{pmatrix} 0 \\ 0 \\ x \end{pmatrix} \qquad \text{式（2.1.7）}$$

このようにして求めた各プロセス量の大きさに，各プロセスでの生産物の単位生産量あたりの環境負荷排出量（I_1, I_2, I_3）を掛け，合算することで，このプロセス全体から誘発される環境負荷を求めることができる．

（2） 実践
ケース1　石油火力発電の事例

図2.1.1の例を用いて説明しよう．図2.1.1に示されたタンカー輸送，石油精製および（石油火力）発電プロセスでの，入力と出力が以下の表2.1.2-表2.1.4であるとする．なお，実際のタンカー輸送での燃料（重油）消費や石油精製プロセスでの消費電力量は，この表の値ほど高くはないが，計算を説明する観点から下記の値を用いていることに留意願いたい．

この場合，物質Aが原油，物質Bが重油，Cが電力とする．

原油（物質A）に関して物質収支の式を立てると，

$$p_1 - 1.037 p_2 - 0.145 p_3 = 0 \qquad \text{式（2.1.8）}$$

同様にして，重油（物質B）および電力（C）に関しても式を立てると，

表 2.1.2 タンカー輸送での入力と出力

入 力	原 油（積み出し港）	1.0 L
	重 油	0.1 L
出 力	重 油（精油所）	1.0 kWh
環境負荷	CO_2	0.314 kg

表 2.1.3 石油精製プロセスの入力と出力（産出物にて入力と環境負荷をアロケーションした値）

入 力	原 油	1.037 L
	電 力	0.50 kWh
出 力	重 油	1.0 L
環境負荷	CO_2	0.105 kg

表 2.1.4 石油火力発電プロセスの入力と出力

入 力	原 油	0.145 L
	重 油	0.134 L
出 力	電 力	1.0 kWh
環境負荷	CO_2	0.817 kg

$$-0.1 p_1 + p_2 - 0.134 p_3 = 0 \qquad 式（2.1.9）$$

$$-0.5 p_2 + p_3 = x \qquad 式（2.1.10）$$

これら3式をまとめて，行列形式で表すと，以下のようになる．

$$\begin{pmatrix} 1 & -1.037 & -0.145 \\ -0.1 & 1 & -0.134 \\ 0 & -0.5 & 1 \end{pmatrix} \begin{pmatrix} p_1 \\ p_2 \\ p_3 \end{pmatrix} = \begin{pmatrix} 0 \\ 0 \\ x \end{pmatrix} \qquad 式（2.1.11）$$

ここで，$A = \begin{pmatrix} 1 & -1.037 & -0.145 \\ -0.1 & 1 & -0.134 \\ 0 & -0.5 & 1 \end{pmatrix}$ 式（2.1.12）

とおくと，

$$A \begin{pmatrix} p_1 \\ p_2 \\ p_3 \end{pmatrix} = \begin{pmatrix} 0 \\ 0 \\ x \end{pmatrix} \qquad 式 (2.1.13)$$

と表記できる．A は係数行列である．

この行列は，正方行列であるため，その逆行列を左から掛けることによって，式に示すように，各プロセス量 P_1, P_2, P_3 を求めることができる．

石油火力発電所における単位発電電力量（1 kWh）での CO_2 排出量を求める場合，式（2.1.13）に，$x=1$ を代入すると，

$$\begin{pmatrix} p_1 \\ p_2 \\ p_3 \end{pmatrix} = A^{-1} \begin{pmatrix} 0 \\ 0 \\ x \end{pmatrix} = \begin{pmatrix} 1.135 & 1.135 & 0.3454 \\ 0.1216 & 0.1216 & 0.1806 \\ 0.06082 & 0.6082 & 1.090 \end{pmatrix} \begin{pmatrix} 0 \\ 0 \\ 1 \end{pmatrix} = \begin{pmatrix} 0.3454 \\ 0.1806 \\ 1.090 \end{pmatrix}$$
$$式 (2.1.14)$$

このようにして求めた各プロセス量の大きさに，各プロセスでの生産物の単位生産量あたりの環境負荷排出量（I_1, I_2, I_3）は，表 2.1.2-表 2.1.4 より (0.314, 0.105, 0.817) であるので，それを掛け合算することで，このプロセス全体から誘発される環境負荷を求めることができる．この例の場合，CO_2 排出量は，1.018 kg となる．

ケース2　製鉄所への廃プラスチックの吹き込み

前述の課題2を解くにあたり，まずは，一貫製鉄所内の各プロセスでの，入力と出力に関してデータ収集をする必要がある．そして，各プロセスにおいて基準となる産出物1単位あたりの入力と出力を求める．ここでは簡略化して，製鉄プロセスのうち，コークス炉，高炉，転炉の3つのプロセスのみに焦点をあてる．

統計データなどより，各プロセスにおける入力と出力に関するデータを収集したものを，表 2.1.5-表 2.1.7 に示す．

表中には，基準となる産出物に○をつけている．それらデータを用い，行列法を用いて機能単位（この例では粗鋼1tの生産）あたりの CO_2 排出量の

表 2.1.5　コークス炉での入力と出力

入　力	石　炭 LDG BFG 電　力	1.45 t 7.1 Nm³ 595 Nm³ 42.8 kWh
出　力	○コークス COG	1 t 356 Nm³
環境負荷	CO_2	518 kg

表 2.1.6　高炉での入力と出力

入　力	コークス 石　炭 焼結鉱 LDG COG 酸　素 電　力	0.3850 t 0.1390 t 1.17 t 13.6 Nm³ 18.5 Nm³ 37.2 Nm³ 24.6 kWh
出　力	○銑　鉄 BFG	1 t 1670 Nm³
環境負荷	CO_2	37 kg

表 2.1.7　転炉での入力と出力

入　力	銑　鉄 酸　素 COG BFG 電　力	0.991 t 63.7 Nm³ 4.58 Nm³ 0.109 Nm³ 53.8 kWh
出　力	○粗　鋼 LDG	1 t 112 Nm³
環境負荷	CO_2	4.00 kg

計算は，以下のようにすることができる．

　物質 A がコークス，物質 B が銑鉄，物質 C が粗鋼とする．これら 3 つの物質に関して物質収支の式を立て，行列形式で表すと，以下のようになる．

$$\begin{pmatrix} 1 & -0.385 & 0 \\ 0 & 1 & -0.991 \\ 0 & 0 & 1 \end{pmatrix} \begin{pmatrix} p_1 \\ p_2 \\ p_3 \end{pmatrix} = \begin{pmatrix} 0 \\ 0 \\ 1 \end{pmatrix} \qquad 式（2.1.15）$$

ここで，$A = \begin{pmatrix} 1 & -0.385 & 0 \\ 0 & 1 & -0.991 \\ 0 & 0 & 1 \end{pmatrix}$ 式（2.1.16）

とおくと，

$$A \begin{pmatrix} p_1 \\ p_2 \\ p_3 \end{pmatrix} = \begin{pmatrix} 0 \\ 0 \\ 1 \end{pmatrix} \qquad 式（2.1.17）$$

と表記できる．A は係数行列である．

この行列は，正方行列であるため，その逆行列を左から掛けることによって，式に示すように，各プロセス量 P_1, P_2, P_3 を求めることができる．

$$\begin{pmatrix} p_1 \\ p_2 \\ p_3 \end{pmatrix} = A^{-1} \begin{pmatrix} 0 \\ 0 \\ 1 \end{pmatrix} = \begin{pmatrix} 1 & 0.385 & 0.38154 \\ 0 & 1 & 0.991 \\ 0 & 0 & 1 \end{pmatrix} \begin{pmatrix} 0 \\ 0 \\ 1 \end{pmatrix} = \begin{pmatrix} 0.38154 \\ 0.991 \\ 1 \end{pmatrix}$$

式（2.1.18）

このようにして求めた各プロセス量の大きさに，各プロセスでの生産物の単位生産量あたりの環境負荷排出量（I_1, I_2, I_3）は，表 2.1.5-表 2.1.7 より（518, 37, 4.0）であるので，それを掛け合算することで，このプロセス全体から誘発される環境負荷を求めることができる．この例の場合，CO_2 排出量は，238 kg となる．なお，この系の場合，余剰の COG, BFG, LDG が，それぞれ 113 Nm³, 1430 Nm³, 95.8 Nm³ 発生している（各自で確認してみるとよい）．それらのガスは，製鉄所内の他のプロセスや，共同火力発電所での発電に使用される．発電された電力が製鉄所内で消費しきれず外販される場合には，後述するようにその回避効果を計上し，機能単位を合わせることになる．

次に，廃プラスチックを高炉へ投入した場合を検討してみよう．まずは，

表2.1.8 高炉での入力と出力（廃プラスチックを投入した場合）

入　力	コークス	0.3262 t
	廃プラスチック	0.050 t
	石　炭	0.139 t
	焼結鉱	1.17 t
	LDG	13.6 Nm³
	COG	18.5 Nm³
	酸　素	37.2 Nm³
	電　力	24.6 kWh
出　力	○銑　鉄	1 t
	BFG	1747 Nm³
環境負荷	CO_2	37 kg

廃プラスチックを吹き込んだ場合の高炉での入力および出力がどのように変化するかを精緻に解析する必要がある．もちろんこの解析は，行列法とは関係なく，廃プラスチックの組成（発熱量，揮発分，炭素，水素含有率など）から，詳細に解析する必要がある（Sekine *et al.*, 2009）．そして，得られた解析結果を用い，上記と同様に定めた機能単位あたりのCO_2排出量を計算し，基準ケースとの変化量を求める．

ここでは，廃プラスチックの高炉への投入により，高炉での入力と出力が，表2.1.8のように変化した場合を考える．

なお，表2.1.8には高炉から発生するBFGの容量のみが記載されているが，表2.1.6に示したBFGとは，発熱量や炭素含有率なども異なっていることに留意する必要がある．

この場合各プロセス量 P_1, P_2, P_3 は，以下のように求めることができる．

$$\begin{pmatrix} p_1 \\ p_2 \\ p_3 \end{pmatrix} = A^{-1} \begin{pmatrix} 0 \\ 0 \\ 1 \end{pmatrix} = \begin{pmatrix} 1 & 0.3262 & 0.3233 \\ 0 & 1 & 0.991 \\ 0 & 0 & 1 \end{pmatrix} \begin{pmatrix} 0 \\ 0 \\ 1 \end{pmatrix} = \begin{pmatrix} 0.3233 \\ 0.991 \\ 1 \end{pmatrix}$$

式（2.1.19）

この例の場合，CO_2排出量は，208 kg となる．なお，この系の場合，余剰

のCOG, BFG, LDGが，それぞれ92.0 Nm^3, 1540 Nm^3, 96.2 Nm^3 発生している．廃プラスチックを吹き込まない場合と比較して，コークス炉での石炭の消費が少なくなるためにCOGの発生量が少なくなる一方で，高炉からのBFG発生量は増大しているのがわかる．それらのガスは，製鉄所内の他のプロセスや，共同火力発電所での発電に使用される．これらの回避効果を計上し，機能単位あたりでの廃プラスチック投入前後でのCO_2排出量の差を計算し，投入した廃プラスチック重量（t）で割れば，廃プラスチック1tあたりのCO_2排出量低減効果を求めることができる．

このような一貫製鉄所での廃プラスチック利用によるCO_2排出量低減効果の試算に関して，稲葉らの既存研究（稲葉ら，2005）もあるが，そこでも行列法を用いて解析を行っている．

(3) 行列法の活用

さて，前節の事例では，最大で3つのプロセスからなる単純な例を用いて説明したが，実際にインベントリ分析を行うとなると，数多くのプロセスを取り扱うことになる．それらを，前節のように行列にて表し，計算を実行するとなると大変な作業になると思われる読者も多いと思う．

それに対して，東京大学大学院工学系研究科の酒井信介教授らのグループが，行列法を実践するためのソフトウェアを開発し，マニュアルとともに無償で公開している（酒井，2009）．これは，汎用スプレッドシート（マイクロソフトエクセル）にアドインすることで実践できるものである．基本的には，システム境界内の各プロセスの入力と出力に関するデータを収集し，エクセルシートに既定のフォーマットに従いプロセス名と各入出力項目を入力すれば，あとは行列の作成から，インベントリ分析まで一括して計算してくれる．さらには，感度分析まで実行することが可能であり，行列法によるインベントリ分析の実践の普及に関して，多大なる貢献をしたソフトと位置づけられる．

現在，わが国では，循環型社会の形成が促進され，産業連携など，エネルギーおよび物質の有効活用に対する様々なアイデアが提唱されている．このような試みにより環境負荷がどれだけ低減されるかを解析する場合，システ

ム境界内にはエネルギーと物質のループが多数存在するゆえ，行列法による解析が有用となる．今後の，循環型社会を評価するにあたり，行列法が注目されてくるのではと思っている．

2.1.4 リサイクルによるクレジットの計上

使用済み製品をリサイクルした場合，素材スクラップや電力・エネルギーなどの有用物が発生し，新たなる製品に使用されることになる．その場合の環境負荷低減効果の見積もりに関しては，1) システム境界を拡張して，対象とする製品のみならず，その製品のリサイクル工程で生じるスクラップを使用する製品まで評価を行う，2) スクラップがバージン材を代替するものとしてその環境負荷低減効果を計上する，等があげられる．

図2.1.4の例の場合，バージン材で製品Aを製造し，販売後，使用済み製品をリサイクル材として回収するメーカーAは，リサイクル材の回収を理由に，バージン材の正味使用量は0.2 kgと実際の使用量の1.0 kgより少なく見積もるであろう．一方，回収されたリサイクル材から製品Bを製造するメーカーBでは，バージン材を消費していないことを理由に，バージン材製造に誘発される環境負荷は計上しないであろう．この場合，「バージン材0.8 kgの環境負荷は誰のもの？」となる．

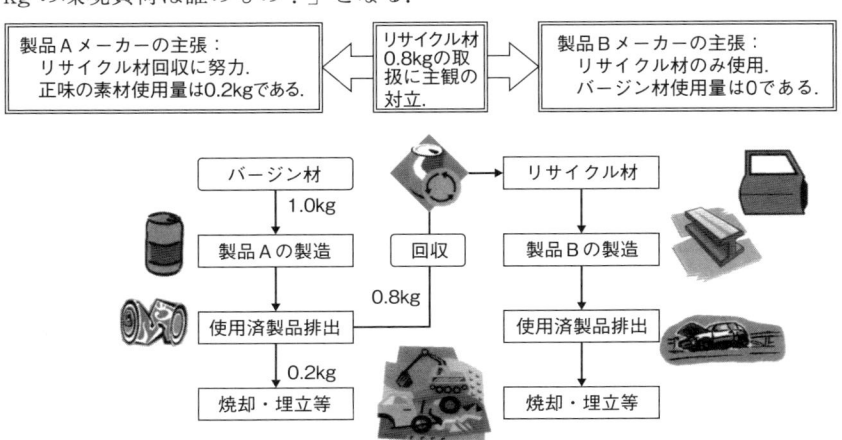

図2.1.4　開ループリサイクルにおける主観の対立

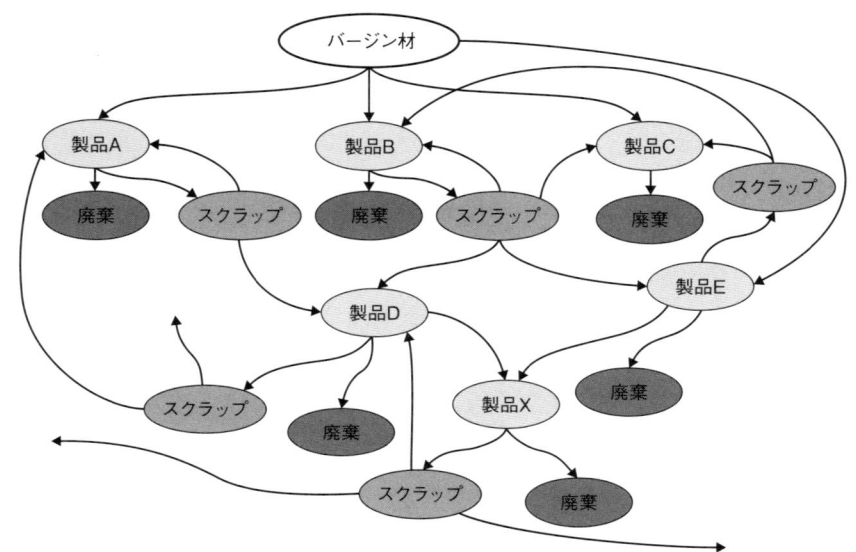

図 2.1.5 開ループリサイクルが進展したマテリアルフロー

　LCA では，目的と調査範囲の設定において，機能単位とシステム境界を設定する．そこでは，自分が調査の対象とする製品やサービスの機能や，それがライフサイクルにおいて関わる主なプロセスのみに注目する．それゆえ，通常は，使用済みとなった製品から回収された素材がその後，どのような使われ方をし，最終的に廃棄されたかまでは考慮することはまずない．循環型社会においては，素材（素材中の元素）と，それを用いる製品のライフサイクルが一致せず，上記のような環境負荷の押しつけ合いが生じる．これが，素材の環境負荷を LCA のみで評価することの限界である．

　今後も，使用済み製品のリサイクル活動が進展し，多くの製品でリサイクル材が使用されるようになればなるほど，マテリアルフローは複雑化し，評価対象におけるシステム境界の設定は困難になっていく．このように循環型社会において，製品にどの素材を用いた方が環境負荷低減につながるかを評価するためには，次節以後に示すような，ポピュレーションバランスモデル，マテリアルフロー分析，マルコフ連鎖モデル，マテリアルピンチ解析などのツールを駆使して，素材のライフサイクルにおける「ライフサイクル機能量」

を評価し，1回1kg使用あたりの環境負荷を求める必要がある．

参考文献
稲葉陸太，橋本征二，森口祐一（2005）：鉄鋼産業におけるプラスチック製容器包装リサイクルのLCA—システム境界の影響—，廃棄物学会論文誌，16(6)，467-480.
ISO（2006）: ISO 14040 Environmental Management-Life cycle assessment-principles and framework. International Organization for Standardization, Geneva.
松野泰也，田原聖隆，稲葉　敦（1996）：洗濯機のライフサイクルインベントリ—従来型洗濯機と節水型洗濯機のライフサイクルにおけるCO_2排出量の比較—，日本エネルギー学会誌，75(12)，1050-1055.
酒井信介教授（東京大学大学院工学系研究科機械工学専攻）のホームページ：http://irwin.t.u-tokyo.ac.jp/~sakai/index-j.html（アクセス日：2008年2月11日）
Sekine Y, Fukuda K, Kato K, Adachi Y, Matsuno Y（2009）: CO_2 reduction potential by utilizing waste plastics in steel works, *Int. J. LCA*, 14(2), 122-136.
Suh S, Huppes G（2005）: Methods for life cycle inventory of a product, *Journal of Cleaner Production*, 13(7), 687-697.

2.2 製品の寿命を考慮する——ポピュレーションバランスモデル

2.2.1 本節のねらい

　現在，多くの物質が採掘され，製造され，加工され，組立てられ，製品として社会を支えている．また，電気機器，電子機器，輸送機器では，機器の使用時にエネルギーを消費している．さらに，使用済みとなった後には，処理され，リサイクルされるものもあれば，最終処分されるものもある．このような製品の製造から廃棄に至るまでのライフサイクルにおける動態を，建築物，乗用車，エアコンなどの1つの製品群に着目して，分析するツールがポピュレーションバランスモデル（PBM: Population Balance Model）である．

　一般に，製品の生産や消費に関する情報は統計として得られることが多い．しかし，社会のある時点での存在台数や毎年の廃棄台数は把握できないことが多い．存在台数がわかれば，エネルギー消費量の推計にとって有用な情報となる．廃棄台数がわかれば，リサイクルのための二次資源ポテンシャルの推計あるいは最終処分量の推計にとって有用な情報となる．PBMは，消費台数と製品寿命から，社会中の存在台数や廃棄台数を推計する手法である．1つの製品群に着目した場合，製品群の寿命は分布の形で得られることが多い．例えば，乗用車で考えてみると，1年目で事故を起こしてしまい廃棄する使用者もいれば，数年使用した後に廃棄する使用者，中には30年以上の製品年齢の乗用車を愛用する使用者もいる．これらを製品群の使用年数の確率として表すことで，製品寿命分布が得られる．図2.2.1に鉄骨造事務所やガソリン乗用車の製品寿命分布を実例として示す．

2.2.2 ツールの概要

　ポピュレーションバランスモデル（PBM）とは，「外部座標と内部座標を持つ空間内において，物質分布と相空間速度ベクトルから得られる物質収支を表すモデル」として開発された．本節では，社会の製品や物質の動態を説明するツールとしてのPBMの応用について詳述する．最も単純なモデルとしては，外部座標として観測年をとり，内部座標として製品の使用年数（ヴィンテージ）をとることで，製品群の動態を説明する．

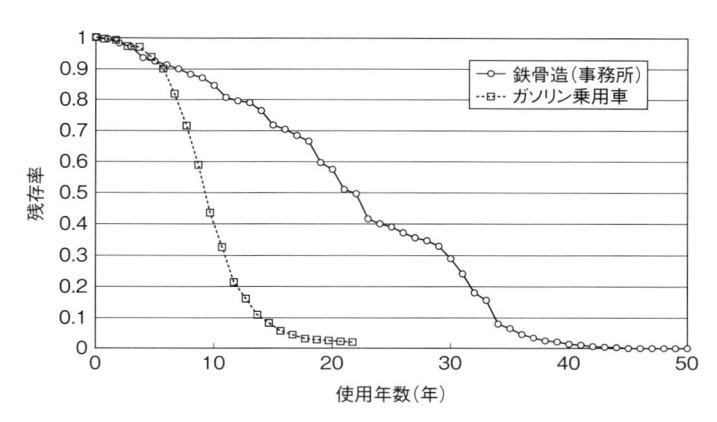

図 2.2.1　鉄骨造事務所（1985 年に東京都中央区に現存）とガソリン乗用車（1985 年製）の使用年数に対する残存率形式による製品寿命分布（小松ら，1992；Adachi *et al.*, 2005）

　図 2.2.2 に，製品群がある年に新規に製造・投入され，その後，使用され，廃棄に至るまでの概念図を示す．これは，内部座標とした使用年数による製品の動態である．このような同一製造年の一群に着目した分析は，コホート分析とも呼ばれる．

　製品には社会における需要があり，その分だけ新規に製造され社会に投入される．投入された製品群は使用年数を経るにつれて，徐々に廃棄されていく．その割合（残存率形式による製品寿命分布）は，図 2.2.2 の中央の図に示すように，単調減少の分布をとる．これを，廃棄された台数に着目するこ

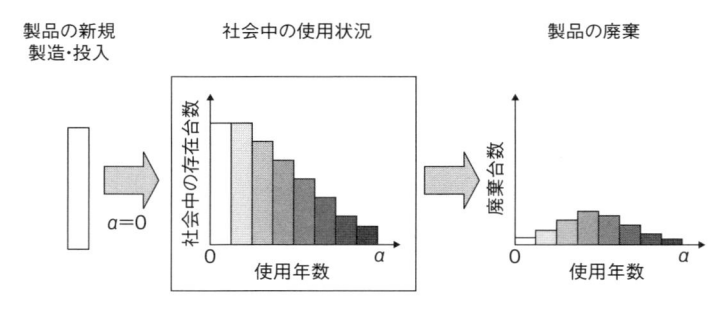

図 2.2.2　製品の社会における新規製造・投入，使用，廃棄数の概念図

とで，図 2.2.2 の右側の図に示す廃棄台数の分布に読み替えることができる．この分布は，廃棄年数分布または廃棄率形式の製品寿命分布と呼べ，平均使用年数あたりにピークを持つ山形となる．ある年に社会中に新規に投入された製品群は，寿命分布に従って徐々に廃棄され，残存する製品群は時間の経過につれて少なくなる．

さて，その翌年以降の各年においても同様に，製品は需要に従い，新規に製造・投入され，その後，使用され廃棄される．数年分の残存台数を合わせて表したものが図 2.2.3 である．図の外枠の横軸は外部座標としての観測年であり，図中に棒グラフで示す各年製製品（各製造年コホート）の使用年数に従う存在台数が内部座標としての使用年数である．ただし，観測年と使用年数は独立ではなく，ともに経過するため，同じ軸の上で表現されている．

このようにみると，例えば，現在使用されている製品が，その使用によって社会全体で誘発する環境負荷を解析することができると考えられる．まず，対象とする製品が過去の各年に社会においてどれだけ新規製造・投入されたかを把握し，その後，各年製の製品群（コホート）が，現在どれだけ残存しているかを把握する．さらに，この製品が近年性能を向上させ，製造年によ

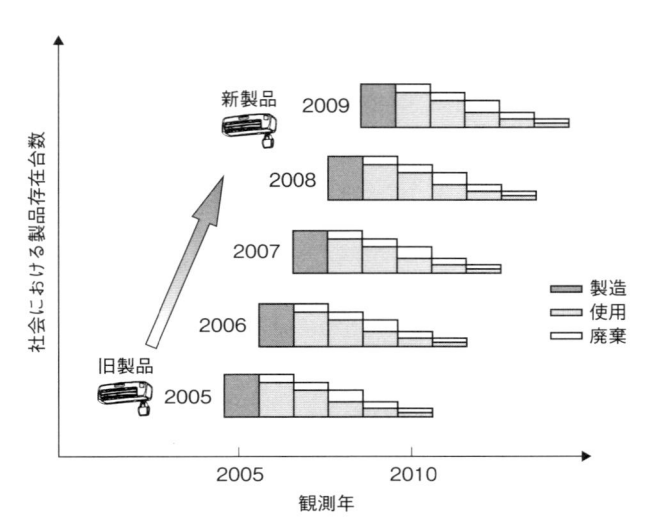

図 2.2.3 製品の社会における新規製造・投入，使用，廃棄数の経年変化概念図

って使用時の環境負荷誘発量が異なったとしても，過去の各年において製造・投入された製品群それぞれの性能について把握すれば，現在社会で使用されている製品群の平均的な性能が算出できる．また，同様に将来のある時期においても，それ以前のデータが設定されれば，その時点での社会において製品全体の使用により誘発される環境負荷を算出することが可能である．
さらに，残存量ではなく廃棄量に着目することで，今年（1年間）廃棄される製品台数を推計することが可能である．これは，二次資源としてのリサイクルポテンシャルであり，近い将来についても推計することが可能である．家電4品目，自動車などEPR（Extended Producer Responsibility）に則った法制度の対象となっている製品はいうまでもなく，循環型社会の促進において，いかなる製品についても，このような動態分析による廃棄推計は，今後ますます重要になってこよう．

2.2.3　ツールの発展

　PBMを反応プロセスに適用することで，反応槽から排出される物質の状態を解析することができる．そこでは，内部変数として反応槽内の滞留時間，粒子径などを与え，さらに反応槽への流入量と流出量を与えることで，反応率，粒子成長などを解析することができる．PBMの基礎方程式は，RandolphおよびHulburtとKatzの2つの研究グループにより，結晶化における粒子の振舞いを記述する手法として，それぞれ1964年に同時に提案された．これらの論文により，PBMの基礎的な理論はほぼ確立され，その後，様々な分野への適用およびその方程式の解法に焦点があてられてきた．ここでは，文献（Randolph, 1964）を参考にしながら，化学工学で完成をみた本来のPBM方程式について導出を行う．
　最小数の独立した座標からなる粒子相空間というものを考える．ここで，各座標は分布の特質を完全に記述することができるとする．この粒子相空間は内部と外部の座標によって2つの領域に分けることができる．外部座標は単純に粒子の空間中の分布を与える．内部座標は，粒子の位置とは無関係に，個々の粒子の定量的に測定可能な特性を与える．例えば，粒子の大きさ，活量，年齢，化学組成，などが挙げられる．

ここで，三次元空間の外部座標と m 個の独立した内部座標からなる領域 R の中で定義される $(m+3)$ 次元の粒子分布関数 $n(R,t)$ を考える．時刻 t において粒子相空間領域の増加分 dR の中に存在する粒子の数 dN は，

$$dN = ndR \qquad 式（2.2.1）$$

で表すことができ，任意の有限な部分領域 R_1 の中の全粒子数 $N(R_1)$ は，次のように表すことができる．

$$N(R_1) = \int_{R_1} ndR \qquad 式（2.2.2）$$

　粒子分布が形成されるあらゆる過程の中で，個々の粒子は粒子相空間中においてその位置を連続的に変化させている．すなわち，個々の粒子が様々な内部と外部の座標軸に沿って動いている．これらの変化がゆっくりとした連続なものであると仮定すれば，この動きをそれぞれの粒子座標に沿った対流と見なすことができる．つまり，粒子特性の変化速度を座標軸に沿った対流粒子速度として捉えることができる．そこで，粒子相空間速度ベクトルを次のように定義する．

$$\begin{aligned}\boldsymbol{v} &= v_x\boldsymbol{\delta_x}+v_y\boldsymbol{\delta_y}+v_z\boldsymbol{\delta_z}+v_1\boldsymbol{\delta_1}+v_2\boldsymbol{\delta_2}+\cdots+v_m\boldsymbol{\delta_m}\\ \boldsymbol{v} &= \boldsymbol{v_e}+\boldsymbol{v_i}\end{aligned} \qquad 式（2.2.3）$$

ここで，v は粒子速度成分で，δ は内部と外部の座標軸に沿った単位ベクトルである．

　内部粒子相空間のある点において，粒子が突如として消えたり現れたりすることがある．この現象を粒子分布の生成，消滅の関数として表すことができる．粒子の大きさを例にとれば，消滅という現象は粒子の崩壊を，生成という現象はその崩壊によって新しく生まれた，元の粒子とは異なる大きさの粒子ができることを意味する．このように，相空間中のある点における，生成と消滅の関数をそれぞれ B と D とする．ある点における粒子の正味の生成は，$(B-D)dR$ で表すことができる．粒子相空間のある固定された部分領域中における物質収支は次のように記述される．

$$\text{蓄積} = \text{流入} - \text{流出} + \text{正味の生成} \qquad \text{式 (2.2.4)}$$

ここで，粒子相空間速度 $\boldsymbol{v}$ と対流的に動く，つまりラグランジュ的視点から部分領域 R_1 を考える．よって，部分領域 R_1 に粒子の流入出は無く，部分領域 R_1 中の粒子数の時間変化は，式（2.2.2）から次のように記述できる．

$$\frac{d}{dt}\int_{R_1} n\, dR = \int_{R_1}(B-D)\, dR \qquad \text{式 (2.2.5)}$$

ここで，$\int_{R_1} = \int_{\delta_x}\int_{\delta_y}\int_{\delta_z}\int_{\delta_1}\cdots\int_{\delta_m}$，$dR$ は $d\delta_x d\delta_y d\delta_z d\delta_1 \cdots d\delta_m$ を表す．
左辺は定積分の微分におけるライプニッツの法則を用いて次のように記述できる．

$$\frac{d}{dt}\int_{R_1} n\, dR = \int_{R_1}\left[\frac{\partial n}{\partial t} + \frac{\partial}{\partial \delta_x}\left(\frac{d\delta_x}{dt}n\right) + \frac{\partial}{\partial \delta_y}\left(\frac{d\delta_y}{dt}n\right) + \frac{\partial}{\partial \delta_z}\left(\frac{d\delta_z}{dt}n\right) \right.$$
$$\left. + \sum_{j=1}^{m}\frac{\partial}{\partial \delta_j}\left(\frac{d\delta_j}{dt}n\right)\right] dR$$
$$\text{式 (2.2.6)}$$

定積分の微分におけるライプニッツの法則は，
一次元の場合

$$\frac{d}{dt}\int_{a(t)}^{b(t)} f(x,t)\, dx = \int_{a(t)}^{b(t)} \frac{\partial f(x,t)}{\partial t}\, dx + f[b(t),t]\frac{db(t)}{dt}$$
$$-f[a(t),t]\frac{da(t)}{dt}$$
$$= \int_{a(t)}^{b(t)}\left\{\frac{\partial f(x,t)}{\partial t} + \frac{d}{dx}\left[\frac{dx}{dt}f(x,t)\right]\right\} dx$$
$$\text{式 (2.2.7a)}$$

多次元の場合

$$\frac{d}{dt}\int_{R(t)} f\, dr = \int_{R(t)}\left[\frac{\partial f}{\partial t} + \sum_{l}\frac{\partial}{\partial l}\left(\frac{dl}{dt}f\right)\right] dR \qquad \text{式 (2.2.7b)}$$

ここで，相空間 R をなす内部と外部の座標の1組を $\boldsymbol{x}$ とすると，

$$\frac{dR}{dt} = \frac{d\boldsymbol{x}}{dt} = \boldsymbol{v} = \boldsymbol{v}_e + \boldsymbol{v}_i = \boldsymbol{v}_e + v_1\boldsymbol{\delta_1} + v_2\boldsymbol{\delta_2} + \cdots + v_m\boldsymbol{\delta_m} \quad \text{式 (2.2.8)}$$

である．よって，式 (2.2.5) は式 (2.2.6) および式 (2.2.8) より

$$\int_{R_1}\left[\frac{\partial n}{\partial t} + \nabla \cdot (\boldsymbol{v}_e n) + \sum_{j=1}^{m}\frac{\partial}{\partial \delta_j}(v_j n) + D - B\right]dR = 0 \quad \text{式 (2.2.9)}$$

となる．R_1 は任意にとることができるので，積分記号をはずすことができ，式 (2.2.9) は

$$\frac{\partial n}{\partial t} + \nabla \cdot (\boldsymbol{v}_e n) + \sum_{j=1}^{m}\frac{\partial}{\partial \delta_j}(v_j n) + D - B = 0 \quad \text{式 (2.2.10)}$$

もしくは，$m+3$ 次元の項に分ければ，

$$\frac{\partial n}{\partial t} + \frac{\partial}{\partial \delta_x}(v_x n) + \frac{\partial}{\partial \delta_y}(v_y n) + \frac{\partial}{\partial \delta_z}(v_z n) + \sum_{j=1}^{m}\frac{\partial}{(\partial \delta_j)}(v_j n) + D - B = 0$$
$$\text{式 (2.2.11)}$$

となる．式 (2.2.11) が最も一般的なポピュレーションバランスの方程式である．

ここで，最初に例示したように，最も簡単なモデルとして，製品群の使用年数を考慮する場合，式 (2.2.10) あるいは式 (2.2.11) は，次のように書き換えることができる．

$$\frac{\partial n(t,a)}{\partial t} + \frac{\partial n(t,a)}{\partial a} + D - B = 0, \ t > 0, \ a > 0 \quad \text{式 (2.2.12)}$$

$$D = \mu(a)n(t,a), \ t > 0, \ a > 0 \quad \text{式 (2.2.13)}$$

$$B = n(t,0), \ t > 0 \quad \text{式 (2.2.14)}$$

$$n(0,a) = n_0(a) \quad \text{式 (2.2.15)}$$

式 (2.2.12) から式 (2.2.15) の一連の式は，1920 年代にすでに人口学の分野において Mckendrick によって提案されたものであり，マッケンドリック方程式 (Mckendrick equation) と呼ばれる．また，この方程式は長らく忘れ

されていたが，1950年代に至ってフォン・フェルスター（H. von Foerster）により細胞増殖のモデルとして再発見されて理論生物学における利用が広まったことから，フォン・フェルスター方程式（Von Forester equation）と呼ばれることもある．本モデルを歴史的に遡れば，ポピュレーションバランスの語源ともいえる人口学における数理モデルの発展が本モデルの基礎となっている．人口学の起源は，17世紀（1662）のGrauntらによるものとされているが，有名なのは，その後18世紀末（1798）のMalthusによる「人口論」であろう．他にも，人口の無制限な成長は不可能であって，環境容量の制約により，定常的になるであろうとした考え方は，1838年のVerhulstによるロジスティックモデル（logistic model）という数理モデルとして見ることもできる．その後の人口学や生物学における数理モデルの発展を礎として，化学の分野で基礎方程式が完成され，現在の広い範囲での応用に至っている．元来の分野である人口学の分野においては，TuckerとZimmerman（1988）による構造化人口動態学（structured population dynamics）として発展してきている．本書のように，本モデルを環境問題に適用することは，その発展の歴史にある人口学における環境容量の問題意識と共通し，大変興味深い．

なお，マッケンドリック方程式は，その後発展したポピュレーションバランスモデルの簡易モデルといえる．そのため，多くの要素をモデルに内包させるためには，ポピュレーションバランスモデルを用いる必要があるが，製品寿命（製品使用年数）のみを考慮し，その製品寿命分布（使用年数分布）が変化しない場合は，マッケンドリック方程式の適用でかまわない．

2.2.4　離散型関数としての適用

ここまでで説明したPBMあるいはマッケンドリック方程式は，連続関数であり偏微分方程式となっていた．本書のマテリアル環境工学が対象とする事象は，素材や製品の動態であり，観測値は，短くとも月次，多くの場合は年次データが生産統計などとして得られることが多い．そこで，簡単に扱うために，離散型関数としての取扱いを考えよう．離散型関数のメリットは，表計算ソフトにより扱うことができ，容易にデータを入力し，結果を得ることができる点である．

ここで，社会における製品群の投入，蓄積および廃棄の収支に対してPBMを適用することを考える．社会内部で製品の自己生成や消滅が無いとした場合，製品の社会での蓄積量の変化量 $\Delta N_{use}(t)$ は，社会への製品の流入量（新規投入量）$N_{in}(t)$ から排出量（廃棄量）$N_{out}(t)$ を差し引いたものに等しくなる．観測年を示す変数 t を用いて，その収支式は，式（2.2.16）のように表すことができる．一般に統計値における集計の基本単位が1年であることから，t は1年ステップの離散値と考えることとする．

$$\Delta N_{use}(t) = N_{in}(t) - N_{out}(t) \qquad 式（2.2.16）$$

ここで，製品の使用年数を a とし，製品の廃棄率形式での寿命分布を，a を変数とする関数 $g(a)$ で表すと，式（2.2.17）となる．ただし，a も t と同様に1年ステップの離散値とする．

$$N_{out}(t) = \sum_{a=0}^{a_{\max}} N_{in}(t-a) g(a) \qquad 式（2.2.17）$$

ここで，$a_{\max}$（年）は，製品の最大寿命を示す．

式（2.2.16）および式（2.2.17）により，式（2.2.18）が得られる．

$$\Delta N_{use}(t) = N_{in}(t) - \sum_{a=0}^{a_{\max}} N_{in}(t-a) g(a) \qquad 式（2.2.18）$$

次に，蓄積量の変化量を蓄積量の差分で表すと，式（2.2.19）となる．

$$\Delta N_{use}(t) = N_{use}(\tau) - N_{use}(\tau-1) \qquad 式（2.2.19）$$

ここで，τ は，1年の期間を持った観測年 t の期末の1時点を示す変数（離散値）とする．

式（2.2.18）および式（2.2.19）から，式（2.2.20）が得られる．

$$N_{use}(\tau) = N_{use}(\tau-1) + N_{in}(t) - \sum_{a=0}^{a_{\max}} N_{in}(t-a) g(a) \qquad 式（2.2.20）$$

t 年末時点 τ における製品の社会中での蓄積量は，1年前の $(t-1)$ 年末時点 $(\tau-1)$ における製品の社会蓄積量および t 年の新規投入量と廃棄量から

求まる．ここで，廃棄量も新規投入量の過去の履歴から算出されていることから，$(t-1)$ 年年末時点 ($\tau-1$) における製品の社会蓄積量および t 年までの新規投入量の履歴から求められることがわかる．また，式（2.2.20）は $\{N_{use}(\tau)\}$ の満たす漸化式となっていることから，この漸化式を解くことにより，式（2.2.21）が得られる．

$$N_{use}(\tau) = N_{use}(\tau_0-1) + \sum_{x=t_0}^{t}\left(N_{in}(x) - \sum_{a=0}^{a_{max}} N_{in}(x-a)g(a)\right) \quad 式（2.2.21）$$

ここで，漸化式の初項 $N_{use}(\tau_0-1)$ は τ 以前の時点であればいつでもよいが，この製品が生産され始めた年 t_s まで遡ると，$N_{use}(\tau_s-1)$ はゼロとみなせることがわかる．すると，式（2.2.21）は，t_s を用いて式（2.2.22）と表せ，新規投入量と寿命分布関数のみから算出できることがわかる．

$$N_{use}(\tau) = \sum_{x=t_s}^{t}\left(N_{in}(x) - \sum_{a=0}^{a_{max}} N_{in}(x-a)g(a)\right) \quad 式（2.2.22）$$

さらに，式（2.2.22）は，式（2.2.23）のように変形できる．

$$N_{use}(\tau) = \sum_{x=t_s}^{t} N_{in}(x) - \sum_{x=t_s}^{t}\sum_{a=0}^{a_{max}} N_{in}(x-a)g(a) \quad 式（2.2.23）$$

右辺第2項の $N_{in}(x-a)$ を $N(x)$ に変え，それに伴い，2重級数のそれぞれの初項，終項を変換すると，

$$N_{use}(\tau) = \sum_{x=t_s}^{t} N_{in}(x) - \sum_{x=t_s}^{t}\sum_{a=0}^{t-x} N_{in}(x)g(a)$$
$$- \sum_{x=t_s-a_{max}}^{t_s} \sum_{a=t_s-x}^{t-x} N_{in}(x)g(a) \quad 式（2.2.24）$$

となる．ここで，右辺最終項は，t_s 以前の生産分を考慮しているので，値を持たないことがわかる．よって，式（2.2.24）は，

$$N_{use}(\tau) = \sum_{x=t_s}^{t} N_{in}(x) - \sum_{x=t_s}^{t}\sum_{a=0}^{t-x} N_{in}(x)g(a)$$

$$= \sum_{x=t_s}^{t} \left(N_{in}(x) - \sum_{a=0}^{t-x} N_{in}(x)g(a) \right)$$

$$= \sum_{x=t_s}^{t} N_{in}(x)\left(1 - \sum_{a=0}^{t-x} g(a)\right) \quad \text{式 (2.2.25)}$$

と変形できる．なお，表計算ソフトでの計算には，この式（2.2.25）を用いるのが適している．

また，$t_s < t - a_{\max}$ の場合

$$\sum_{x=t_s}^{t-a_{\max}} \left(1 - \sum_{a=0}^{t-x} g(a)\right) = 0 \quad \text{式 (2.2.26)}$$

が成立するため，式（2.2.25）は

$$N_{use}(\tau) = \sum_{x=t-a_{\max}}^{t} N_{in}(x)\left(1 - \sum_{a=0}^{t-x} g(a)\right) \quad \text{式 (2.2.27)}$$

と書ける．

　ここまで数式を追ってみてきたように，対象とする製品群について，過去から現在に至るまでの各年の新規製造・投入量を把握し，製品の寿命分布を把握すれば，現在に至るまでの各年における社会の製品の蓄積量ならびに社会からの廃棄量を推計することができる．ただし，本手法における制約は，データの入手可能性にある．とくに，製品の寿命分布は，多くの製品においてサンプル数が十分な実測値として得ることが難しい．そこで，類似製品の寿命分布を援用するか，平均耐用年数から分布を類推するか，何らかの推計を伴って寿命分布データを整備することになる．その結果，本手法を用いて推計された廃棄量は不確実性を持つこととなる．この不確実性に対してMüllerら（2006）は，最初に推計した分布に上限と下限を設定することにより，結果に不確かさの幅を持たせて表示した．著者ら（例えば醍醐ら，2005）は，データ整備における推計の妥当性を確認する方法を用いている．著者ら

は，本モデルで推計されるフローと同じフローを統計などまったく異なる他のデータ源から直接あるいは推計して得ることで，2つの値を時系列で比較し，妥当性の確認を行っている．比較的統計が整備された製品や素材を対象とする場合には，この確認を行うことが望ましい．

2.2.5 製品寿命分布

ここで，製品の寿命分布について考察する．実際の製品寿命は，製造時に設計された機械的耐久性，使用回数や使用年数など消費者の使用形態，他にも社会的な要因として税制，景気，使用者の引越し，上位機種の発売など様々な要因で決まる．自動車，家電製品や建築物のような耐久消費財では，使用年数に応じて製品寿命が確率的に決まると考えられている．確率的とは，同一年に製造された製品群の中でも廃棄されるまでの使用年数は均一ではなく，図2.2.1に示したような分布を有するという意味である．この分布の表現には大きく2通りあり，実際の製品寿命分布をそのまま用いるノンパラメトリックな分布による表現と，実際の製品寿命分布を近似した分布関数で表すパラメトリックな分布関数による表現方法である．一般に，必要な製品寿命データをノンパラメトリックな分布で整備することは困難であり，近似された分布関数が用いられることが多い．また，製品寿命分布の形式としては，図2.2.2で示したように，存在台数（あるいは残存率）として単調減少の分布で表すこともできれば，廃棄台数（廃棄率）としてピークを持つ分布で表すこともできる．前者は累積分布関数（cumulative distribution function），後者は確率密度関数（probability density function）と呼ばれ，それぞれを微分，積分することで相互に変換可能である．図2.2.2の累積分布関数を，確率密度関数に変換したものを図2.2.4に示す．ガソリン乗用車の分布は単峰型であり，鉄骨造事務所の分布が多峰型になっている．ちなみに，これはノンパラメトリックな分布となっている．

次に，パラメトリックな分布について説明する．製品寿命を表す分布関数として，今まで，ワイブル分布（Weibull distribution），正規分布（normal distribution），対数正規分布（log normal distribution），ガンマ分布（gamma distribution）などが用いられてきた．それぞれの分布関数の特徴と，その適

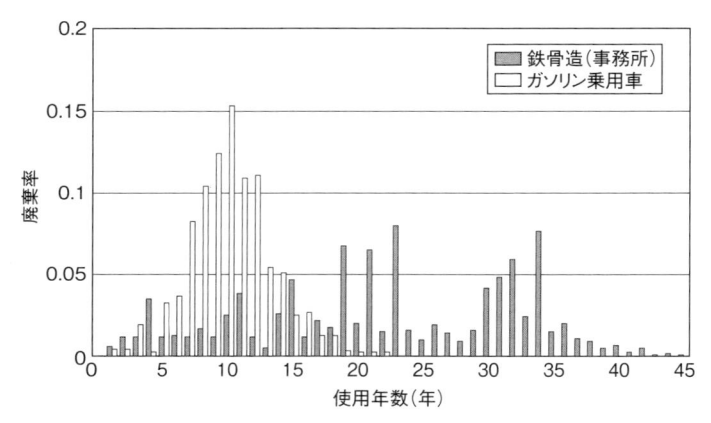

図 2.2.4 鉄骨造事務所（1985 年に東京都中央区に現存）とガソリン乗用車（1985 年製）の使用年数に対する廃棄率分布（小松ら, 1992；Adachi *et al.*, 2005）

用事例について以下に記す．なお，ここまでの説明では，製品寿命分布は使用年数 a による製品寿命分布 $g(a)$ として定義した．これは，寿命分布関数が製造時期に伴い変化しないことを前提としたが，実際には製品の耐久性の向上などによる長寿命化などの変化が考えられる．このように時期により変化のある場合は，時期 t と使用年数 a の 2 変数関数 $g(t,a)$ にする必要がある．また，以下では，各分布関数について製品の寿命分布への適用という観点で記しているが，一般的な分布関数の説明でもあるため，ここまで $g(a)$ と記していた製品寿命分布関数を $f(x)$ と表記している．

(1) ワイブル分布

ワイブル分布は，1939 年にスウェーデンの物理学者ワイブル（Waloddi Weibull）によって最弱連鎖モデル（weakest link in the chain）の開発に際して導出され，広く応用が提案された分布関数である．ワイブル以前に 1933 年にロージンとラムラーによって，石炭粉砕物の積算ふるい上分布（オーバサイズ質量分布）を表すのに用いた粒度分布として提案されていたため，しばしばロージン・ラムラー分布（Rosin-Rammler distribution）と呼ばれることもある．近年では，信頼性工学（reliability engineering）や安全性工学

(safety engineering) の分野において，部品や製品の故障までの期間を統計的に記述する際の関数として広く用いられている．ここでは，ワイブルの導出方法に倣ってワイブル分布関数を導くこととする．

ある集合において，個々の要素の属性として変数 X がある時，X の分布関数として，$X \leq x$ である個の数を全個数で割ることで定義される関数 $F(x)$ を考える．この関数は，任意に選択した個の持つ属性 X が x 以下である確率として読み替えることができ，式（2.2.28）とも表せる．

$$P(X \leq x) = F(x) \qquad 式（2.2.28）$$

どのような分布関数（累積密度関数）も，式（2.2.29）の形式で表すことができる．

$$F(x) = 1 - e^{-\varphi(x)} \qquad 式（2.2.29）$$

式（2.2.29）は煩雑な式に見えるが，コラム「最弱連鎖モデル」を読めば，この表現形式のメリットが理解されよう．

次に，関数 $\varphi(x)$ を特定していこう．この関数が満たさなければならない条件は，1) 正の数であること，2) 減少しないこと，3) 必ずしも必要ないが，ある値 x_u でゼロになることである．この条件を満たす最も単純な関数が式（2.2.30）である．

$$\varphi(x) = \frac{(x - x_u)^m}{x_0} \qquad 式（2.2.30）$$

これを，式（2.2.29）に代入すると式（2.2.31）を得る．

$$F(x) = 1 - e^{-\frac{(x - x_u)^m}{x_0}} \qquad 式（2.2.31）$$

ここまでがワイブルの原論文に従った導出であるが，その後の応用により，現在では，パラメータの取り方を少し修正した式（2.2.32）を用いることが多い．

$$F(x) = 1 - e^{-\left(\frac{x - x_u}{\lambda}\right)^m} \qquad 式（2.2.32）$$

コラム

最弱連鎖モデル

ワイブル分布は，最弱連鎖モデルの開発に際して導出された分布関数であることを述べたが，それは，式（2.2.29）における指数関数による表現が，最弱連鎖モデルを意図したものであった．ここでは，最弱連鎖モデルについて，ワイブルの記述に倣って説明する．

式（2.2.29）は複雑に見えるが，式（2.2.*1）のように式が変形できる特徴がある．

$$(1-P)^n = e^{-n\varphi(x)} \qquad 式（2.2.*1）$$

いま，いくつかの輪が連なった鎖を考える．2つの輪からなる1つの連鎖に対して任意の荷重 x を加えた時の破断確率 P が得られた上で，$n+1$ 個の輪からなる n 個の連鎖の破断確率 P_n を得たい．どれか1つの連鎖が破断した時に n 個連鎖は破断したとする．すると，n 個の連鎖の破断しない確率 $(1-P_n)$ は，n 個すべての連鎖が同時に破断していない確率といえる．つまり，$(1-P_n) = (1-P)^n$ の関係式を得る．ここで，個々の連鎖が，式（2.2.29）で示した確率分布を満たすとすると，式（2.2.*2）が導かれる．

$$P_n = 1 - e^{-n\varphi(x)} \qquad 式（2.2.*2）$$

この式（2.2.*2）が，最弱連鎖の原則に対する適切な数式表現である．

3つのパラメータは，m が形状パラメータ（shape parameter），λ が尺度パラメータ（scale parameter）[1]，x_u が位置パラメータ（location parameter）と呼ばれ，m と λ は正の数の必要がある．また，式（2.2.32）は累積分布関数であり，これを微分することにより確率密度関数で表現されたワイブル分布関数（2.2.33）を得る．

$$f(x) = \begin{cases} \dfrac{m}{\lambda}\left(\dfrac{x-x_u}{\lambda}\right)^{m-1} \exp\left(-\left(\dfrac{x-x_u}{\lambda}\right)^m\right) & x \geq x_u \\ 0 & x < x_u \end{cases} \qquad 式（2.2.33）$$

---

[1] JISでは，本書の表現による尺度パラメータが規定されているが，書籍の中には λ^m を x_0 としておいて，これを尺度パラメータとしているものもある．

一般によく見られるワイブル分布は，位置パラメータを設定せず，定義域も記さない形で，式（2.2.34）のように記されている．

$$f(x) = \frac{m}{\lambda}\left(\frac{x}{\lambda}\right)^{m-1}\exp\left(-\left(\frac{x}{\lambda}\right)^m\right) \qquad 式（2.2.34）$$

ここでは，形状パラメータと尺度パラメータにとる文字をそれぞれ m と λ としたが，形状パラメータとして x や β など，尺度パラメータとして a や α など様々な文字で表され，一般的にどの文字で各パラメータを表現するか統一されていない．したがって，ワイブル分布関数によって分布を表現する際には，文字だけで一意にパラメータを表現できないことに留意されたい．

他にも信頼性工学における故障率という概念を用いて，ワイブル分布関数とともに指数分布関数（exponential distribution function）を導出する方法についても簡単に説明しよう．実際の製品寿命は，先にも触れたように社会的な要因によって廃棄されることもあるため，単に製品が機械的に故障するまでとは限らない．しかし，ここでは製品の寿命を，製品が故障するまでの稼働時間とする．

製品が使用され始めてからのある期間 x 経過した時点における瞬間故障率（instantaneous failure rate）$z(a)$ は，式（2.2.35）として定義される．

$$z(x) = \frac{f(x)}{1-F(x)} \qquad 式（2.2.35）$$

ここで，$f(x)$ は x における故障の確率密度関数，$F(x)$ は x における故障の累積分布関数である．式（2.2.35）で定義される瞬間故障率は，その時点まで故障せずに存在しているもののうちその瞬間に故障するものの割合と読める．先の累積分布関数と確率密度関数の関係において，微分と積分によって変換可能と簡単に記したが，式で表すと式（2.2.36）のような関係であると表すことができる．

$$f(x) = \frac{d}{dx}F(x) \qquad 式（2.2.36）$$

式（2.2.35）の両辺を x で積分すると，

$$\int z(x)dx = -\ln(1-F(x)) \qquad 式（2.2.37）$$

となり，対数から指数に変換して，

$$\exp\left(-\int z(x)dx\right) = 1-F(x) \qquad 式（2.2.38）$$

を得る．右辺は，式（2.2.35）から

$$\exp\left(-\int z(x)dx\right) = \frac{f(x)}{z(x)} \qquad 式（2.2.39）$$

と書き換えることができるため，$f(x)$ は $z(x)$ を用いて

$$f(x) = z(x)\exp\left(-\int z(x)dx\right) \qquad 式（2.2.40）$$

と表すことができる．

ここで，瞬間故障率が一定 $z((x)=z_0)$ であるとすると，式（2.2.40）より $f(x)$ は式（2.2.41）で表される指数分布関数となる．

$$f(x) = z_0 e^{-z_0 x} \qquad 式（2.2.41）$$

次に，瞬間故障率が単調増加あるいは単調減少すると仮定すると，式（2.2.42）によって故障率を表すことができる．

$$z(x) = m\lambda^{-m}x^{m-1} \qquad 式（2.2.42）$$

式（2.2.42）の表現は指数が少々煩雑に見えるが，積分すると $\lambda^{-m}x^m$ となり比較的容易に表現できるために便宜上このように表現した．これを式（2.2.40）に代入すると，式（2.2.34）と同じよく知られるワイブル分布関数を得る．

$$f(x) = \frac{m}{\lambda}\left(\frac{x}{\lambda}\right)^{m-1}\exp\left(-\left(\frac{x}{\lambda}\right)^m\right) \qquad 式（2.2.34）再掲$$

表 2.2.1　ワイブル分布の特性値

平均値	$\dfrac{\lambda}{m}\Gamma\left(\dfrac{1}{m}\right)$	$\left\{=\lambda\Gamma\left(1+\dfrac{1}{m}\right)\right\}$
最頻値	$\lambda\left(\dfrac{m-1}{m}\right)^{\frac{1}{m}}$　　$m\geq 1$ の時 0　　　　　　　　　$m<1$ の時	
分散	$\dfrac{\lambda^2}{m}\left[2\Gamma\left(\dfrac{2}{m}\right)-\dfrac{1}{m}\Gamma\left(\dfrac{1}{m}\right)^2\right]$	$\left\{=\lambda^2\left[\Gamma\left(1+\dfrac{2}{m}\right)-\Gamma\left(1+\dfrac{1}{m}\right)^2\right]\right\}$

また，信頼性工学では，先述した故障率が一定の場合には指数分布になることも含め，故障現象が形状パラメータ m によって次の 3 種類に分類されている．

$0<m<1$ の時：時間とともに故障率が小さくなる（初期故障型）．
$m=1$ の時：時間に対して故障率が一定となる（偶発故障型）．
$m>1$ の時：時間とともに故障率が大きくなる（摩耗故障型）．

最後に，表 2.2.1 にワイブル分布関数における平均や分散などの特性値を記す．

なお，ガンマ関数（Gamma function）は式（2.2.43）で定義される関数であって，式（2.2.44）のような性質を有する．

$$\Gamma(x) = \int_0^\infty k^{x-1}e^{-k}dk \qquad 式（2.2.43）$$

$$\Gamma(x+1) = x\Gamma(x) = n! \qquad 式（2.2.44）$$

(2) 正規分布

正規分布はきわめて汎用性の高い分布であり，平均値を中心に左右対称な分布形をしている．例えば，最小二乗法を用いた回帰分析など統計理論における誤差分布などに用いられる．ドイツの数学者ガウス（Karl Friedrich Gauss）に因んでガウス分布（Gaussian distribution）と呼ばれることもある．正規分布は取扱いが容易な分布であり，2 つの正規分布の和や差は正規分布に従い，そのパラメータも直接決定できる特徴を持つ．パラメータは平均値

表 2.2.2 　正規分布の特性値

平均値	μ
最頻値	μ
分散	σ^2

μ と標準偏差 σ の 2 つであり，式（2.2.45）で表される．

$$f(x) = \frac{1}{\sqrt{2\pi\sigma^2}}\exp\left(-\frac{(x-\mu)^2}{2\sigma^2}\right) \qquad 式（2.2.45）$$

ただし，$\sigma > 0$ である必要がある．

本節で対象とする使用年数分布は，多くの製品において，長く使われるものが比較的多く，分布の形状として右端に裾野が長い傾向にある（Adachi *et al.*, 2005）．しかし，正規分布はきわめて汎用性が高く取扱いも容易である半面，左右非対称な分布形をとることができない．ただし，変動係数（平均値で除した標準偏差）が 0 に近づくと正規分布に収束するものもあり，様々な分布を近似した分布として用いることができる．また，左右対称形であり，変数が取りうる値（定義域）は実数全体（$-\infty$ から $+\infty$）であり，負の値にも分布は広がる．使用年数は負の年数は取らないため，分布の左側の負の年数にあたる確率分が適切な表現とはならない．しかしながら，変動係数が 1/3 未満であれば，変数が負の値をとる確率は最大でも 0.15% にすぎない．実際に，小松ら（1992）によって，RC 造専用住宅用建築物の寿命分布が正規分布によって他の分布系よりもよく近似できたと報告されている．最後に，正規分布の特性値を表 2.2.2 に示す．

(3)　対数正規分布

対数正規分布は，自然界で生起する多数の変数の積として表されるような現象をモデル化する上で有用な分布である．例えば，多数の確率分布の積が対数正規分布に従うことが知られている．自然界では，鉱床毎の埋蔵量の分布，人為的な事象では市町村の人口や個人所得額など，天文，地質，物理，生物，社会の様々な現象が，対数正規分布によってモデル化されている．

表 2.2.3　対数正規分布の特性値

平均値	μ
最頻値	$\exp(\mu_1 - \sigma_1^2)$
分散	σ^2

分布関数の名称の通り，変数 x の自然対数 $\ln[x]$ が正規分布に従う時，当該変数は対数正規分布に従う．よって，正規分布に似た式（2.2.46）によって表される．

$$f(x) = \frac{1}{x\sqrt{2\pi\sigma_1^2}} \exp\left(-\frac{(\ln[x]-\mu_1)^2}{2\sigma_1^2}\right) \qquad 式（2.2.46）$$

ここで $\mu_1 = \ln\left[\dfrac{\mu^2}{\sqrt{\sigma^2+\mu^2}}\right]$, $\sigma_1 = \sqrt{\ln\left[\dfrac{\sigma^2+\mu^2}{\mu^2}\right]}$

本節で対象とする使用年数が，負の使用年数は取らず，右端に裾野が長い傾向にあることは先に述べたが，この傾向を適切に表現するには，正規分布よりも対数正規分布をあてはめる方が適当であるといえる．実際に，小松らによって，木造専用住宅用，木造共同住宅用，RC造事務所用建築物の寿命分布は対数正規分布によって他の分布系よりもよく近似できたと報告されている．最後に，対数正規分布の特性値を表2.2.3に示す．

(4)　ガンマ分布

ガンマ分布は，気象学，在庫理論，保険リスク，経済学，待ち行列理論などで広く利用されている分布である．ガンマ分布は，事象が平均生起間隔 β のポアソン過程（Poisson process）[2] に従ってランダムに生起する時，事象が α 回生起するまでに要する期間をモデル化したものである．α と β をパラメータとするガンマ分布は一般に Gamma (α, β) として表記され，その確率密度分布は式（2.2.47）で表される．なお，ガンマ関数は，式（2.2.43）にて示

2　事象を定式化されたランダムな過程に従って生起するシステムとして扱う確率過程（stochastic process）において，事象の生起する機会が連続的とする過程をポアソン過程，離散的とする過程を2項過程（binomial process）という．

表 2.2.4 ガンマ分布の特性値

平均値	$\alpha\beta$	
最頻値	$\beta(\alpha-1)$	$\alpha \geq 1$ の時
	0	$\alpha < 1$ の時
分散	$\alpha\beta^2$	

した通りである．

$$f(x) = \frac{\beta^{-\alpha} x^{\alpha-1} \exp\left(-\dfrac{x}{\beta}\right)}{\Gamma(\alpha)} \tag{2.2.47}$$

製品の故障と寿命という文脈に読み替え，落下により携帯電話が故障するという事象を例に説明しよう．α 回落下すると故障してしまう携帯電話を，平均間隔 β でポアソン過程に従ってランダムに落下する時，故障するまでに要する期間はガンマ分布で表される．なお，1回の生起までに要する時間は指数分布となる．つまり，ガンマ分布において，$\alpha=1$ であれば指数分布となる．ワイブル分布において偶発的な故障（故障率が一定）であれば指数分布となると記したように，1回の故障に着目したワイブル分布において，偶発的すなわちポアソン過程では指数分布となる．最後に，ガンマ分布の特性値を表 2.2.4 に示す．

参考文献

足立芳寛，松野泰也，醍醐市朗，滝口博明（2004）：環境システム工学，東京大学出版会，東京，240pp.

Adachi Y, Daigo I, Yamada H, Matsuno Y (2005): Development of a dynamic model for CO_2 emissions from the gasoline vehicle in its use stage, *Development Engineering*, 11, 19-29.

醍醐市朗，藤巻大輔，松野泰也，足立芳寛（2005）：鋼材循環利用における環境負荷誘発量解析のための動態モデルの構築，鉄と鋼，91(1)，171-178.

醍醐市朗，五十嵐佑馬，松野泰也，足立芳寛（2007）：日本における鉄鋼材の物質ストック量の導出，鉄と鋼，93(1)，66-70.

グレン ND 著，藤田英典訳（1984）：コーホート分析法，朝倉書店，東京．

コラム
様々な製品の寿命

今までの論文等において用いられた製品や用途の寿命分布関数や，実測値に基づいた分布を推計した結果などを一覧表にして掲載する．製品寿命設定のための詳細な前提条件等は，元の論文を参照されたい．

表 2.2.5　様々な製品の寿命

用途	平均寿命（年）	分布関数とパラメータ	参照文献
土木構造物	34.5	ワイブル分布 $m=3.1, \lambda=48.4, x_u=8.8$	醍醐ら，2007 戸井・佐藤，1997
木造専用住宅	38.7	対数正規分布 $\mu=3.66, \sigma=0.63$	小松，1992
RC造専用住宅	40.7	正規分布 $m=40.68, \sigma=12.17$	小松ら，1992
鉄骨造専用住宅	31.7	ワイブル分布 $m=6.75, \lambda=64.4, x_u=28.4$	小松ら，1992
木造共同住宅	32.1	対数正規分布 $\mu=3.47, \sigma=0.52$	小松ら，1992
RC造共同住宅	51.0	ワイブル分布 $m=3.09, \lambda=61.2, x_u=3.74$	小松ら，1992
鉄骨造共同住宅	29.0	ワイブル分布 $m=5.98, \lambda=48.1, x_u=15.6$	小松ら，1992
RC造事務所	64.8	対数正規分布 $\mu=3.55, \sigma=0.39$	小松ら，1992
鉄骨造事務所	28.8	ワイブル分布 $m=3.12, \lambda=40.4, x_u=7.3$	小松ら，1992
産業機械	10	分布の設定なし	戸井・佐藤，1997
電気機械	14	分布の設定なし	戸井・佐藤，1997
家庭用事務用機器	12	分布の設定なし	戸井・佐藤，1997
乗用車	8.7–10.8 （経年変化）	ノンパラメトリック	
貨物車・バス	8.5–14.1 （経年変化）	ノンパラメトリック	
その他輸送機械	40.0	$m=2.7, \eta=45.0, \delta=0$	五十嵐ら，2005
食品用容器	<1		醍醐ら，2007

製品の使用年数・寿命情報をレビューし，データベース化したものが，以下のURLで公開されている．2010年3月31日現在で，1352件のデータが収録済みである．http://www.nies.go.jp/lifespan/index.html

Hulburt HM, Katz S (1964): Chemical Engineering Science, 19, 555pp.

五十嵐佑馬, 醍醐市朗, 松野泰也, 足立芳寛 (2005): 日本国内におけるステンレス鋼のマテリアルフロー解析および循環利用促進による CO_2 削減効果の評価, 鉄と鋼, 91(12), 57-63.

稲葉 寿 (2002): 数理人口学, 東京大学出版会, 東京, 424pp.

小松幸夫, 加藤裕久, 吉田倬郎, 野城智也 (1992): わが国における各種住宅の寿命分布に関する調査報告—1987年固定資産台帳に基づく推計, 日本建築学会計画系論文報告集, 439, 101-110.

Mckendrick AG (1926): Applications of Mathematics to Medical Problems, *Proceedings of the Edinburgh Mathematical Society*, 44, 98-130.

Müller DB, Wang T, Duval B, Graedel TE (2006): Exploring the engine of anthropogenic iron cycles, *Proceedings of the National Academy of Sciences*, 103, 16111-16116.

Randolph AD (1964): A population balance for countable entities, *Canadian Journal of Chemical Engineering*, 42, 280.

Rosin P and Rammler E (1933) The Laws Governing the Fineness of Powdered Coal, *Journal of the Institute of Fuel*, 7, 29-36.

石油天然ガス・金属鉱物資源機構 (2009): 石油・天然ガス用語辞典 (最終更新日: 2009年3月19日) http://oilgas-info.jogmec.go.jp/dicsearch.pl (アクセス日: 2009年3月21日)

田崎智宏, 小口正弘, 亀屋隆志, 浦野紘平 (2001): 使用済み耐久消費財の発生台数の予測方法, 廃棄物学会論文誌, 12(2), 49-58.

戸井朗人, 佐藤純一 (1997): 廃棄までの期間の分布を考慮したリサイクルシステムの解析的モデルの導出とその適用, エネルギー・資源, 18(3), 271-277.

Tucker SL and Zimmerman S (1988): A Nonlinear Model of Population Dynamics Containing an Arbitrary Number of Continuous Structure Variables, *SIAM Journal on Applied Mathematics*, 48(3), 549-591.

Uhl VW and Gray JB (1967): Mixing: Theory and Practice, Academic Press, New York, 340pp.

ヴォース, デヴィッド著, 長谷川 専, 堤 盛人訳 (2003): 入門リスク分析—基礎から実践, 勁草書房, 東京, 567pp.

Weibull W (1951) A statistical distribution function of wide applicability, *Journal of Applied Mechanics, Transactions of the American Society of Mechanical Engineers*, 18(3), 293-297.

2.3 リサイクルの可能性を調べる——マテリアルフロー分析

2.3.1 本節のねらい

　人間が食物の摂取，消化，排泄により代謝（metabolism）をしているように，人間の営む経済活動も，物質を環境から収穫・採掘し，生産，消費，使用した後に，廃棄物を環境に排出することで成り立っている．このような産業と環境の間，各産業，企業，工場の間，あるいは生産者と消費者との間における物質やエネルギーを媒体とした相互作用を産業の代謝（industrial metabolism）として捉えた研究が，1960年代後半から行われるようになり，生物間の相互作用を研究対象とするエコロジー（生態学）になぞらえた産業エコロジー（industrial ecology）という概念が，1990年頃から形成されてきた（Graedel & Allenby, 1995）．産業エコロジーの分野における有用な分析ツールの1つに，マテリアルフロー分析（MFA: Material Flow Analysis）がある．マテリアルフロー分析は，このような人間活動あるいは産業活動における素材や物質のフローやストックに着目して，システム分析するツールである．

　本ツールは，大きく2つの目的に対し，利用されてきている．1つは資源の循環利用性の評価を目的とした利用である．使用済み製品や産業廃棄物などの処理プロセス（リサイクルチェーン）における物質のフローは，サプライチェーンと比較して情報の収集が困難な部分である．しかし，資源の循環利用性を向上させるためには，デュアルチェーンにおける，サプライチェーンだけでなく，リサイクルチェーンの把握が不可欠である．そこで，マテリアルフロー分析によりリサイクルチェーンのフローについても明らかにすることによって，資源回収の実態把握ならびに可能性の評価が可能となる．循環利用に伴った天然資源消費の削減ならびに最終処分量の削減に関する評価も，同じ目的と考えられる．

　もう1つは物質のリスク評価を目的とした利用である．マテリアルフロー分析では，物質の環境からの採掘あるいは収穫から，最終的な環境排出（final sink）までの物質のライフサイクルの全部または対象とする一部について，物質の由来，経路，媒介物などが明らかになる．また，腐食や浸食あ

るいは摩耗などによる環境への散逸は，モニタリングが困難で，あまり把握されることはないフローである．しかし，リスク評価において環境中への暴露量の把握，さらにはその由来の同定は不可欠である．そこで，マテリアルフロー分析により環境中への暴露量について，その発生源とともに明らかにすることによって，リスク評価ならびにリスク削減のための方策検討が可能となる．

2.3.2 マテリアルフロー分析の発展

BrunnerとRechbergerは，人類最初のMFAは，17世紀のSantorio医師によるものではないかとしている．マテリアルフロー分析における最も重要な原則は，物質保存則である．物質は，消滅することも自然発生することもないため，プロセス中に蓄積することがない限り，プロセスにおける投入と排出の収支が必ず合う必要がある．Santorioは，人間の代謝に着目し，人体の摂取量と排出量の収支を合わせようと試みた．初めに，人の体重を測定し，それから飲食物の質量と排泄物の質量を計測した．その結果，人の排泄量は摂取量の半分以下であり，まったく収支を合わせることができなかった．そこで，寝ている間の発汗を考慮しなかったのが原因ではないかと考え，人を寝ている間包んで，発汗量を測定した．しかし，それはわずかな量にしかならず，結局物質収支を合わせることはできなかった．これは，当時まだ酸素の存在が証明されておらず，呼気による物質の流出入を考慮することができなかったためである．彼は，これら一連の研究結果を1614年に本にまとめ，「医者が患者を診るときには，食事や排泄といった見えるプロセスしか考えず，計測できない発汗分などの見えないプロセスは考えていない．このような考えは，誤った処置につながるだけであり，決して彼らの病気を治療することはできない」と結論づけた．

社会においても同様に，計測が困難な物質フローがある．つまり，把握できる物質フローだけを追いかけていると，資源循環性評価あるいはリスク評価において，誤った結論に導く可能性があることを，この17世紀の医師の結論は示唆しているのではないだろうか．そのために，マテリアルフロー分析によって，物質保存則のもと，ある期間のある空間での対象とする物質のフ

ローとストックをシステム分析する必要があるといえよう．分析の対象物質は，その対象空間に関わるすべての物質について総量で物質収支を合わせることも可能であるし，それぞれ元素や素材に限定して物質収支を合わせることも可能である．

産業エコロジーにおける MFA として，産業活動の代謝を分析した最初の論文は，1965 年の Wolman によるものとされている．Wolman は，アメリカの都市における上水の供給，汚水の処理，大気汚染の将来を憂慮し，都市の物質とエネルギーの代謝について，水，食糧，燃料の投入量等を対象とした分析を行った．これに続き，1969 年に Ayres と Kneese は，物質収支を考慮すれば消費される物質が環境汚染を引き起こす初期物質であるとして，1963 年から 65 年のアメリカにおける農林水産物，燃料鉱物，金属鉱物，非金属鉱物の消費量を物質量として把握している．次節以降では，これら 1960 年代に端を発したマテリアルフロー分析の 1990 年代以降の事例を，すべての物質を対象としたものと，特定の物質や素材を対象にしたものに大別して紹介する．

2.3.3 物質総量を対象とした MFA

マテリアルフロー分析の略称の MFA は，勘定体系の名称として Material Flow Accounts や Material Flow Accounting[1]の略称として使われることもある．勘定体系としての MFA は，2001 年に欧州委員会統計局のタスクフォースが取りまとめたガイドラインに，用語の統一，概念や枠組みの整理にも努め，包括的に記されている．ただし，このガイドラインの内容は，1 つの国などの経済単位でのすべての物質収支を勘定することを目的としており，Economy-wide MFA と呼ばれ区別されることもある．2001 年の欧州委員会による取りまとめ以前に，資源政策や廃棄物政策へのフィードバックを目的とした国家における物質収支を勘定する取組みは，Adriaanse ら（1997）や Matthews ら（2000）によって行われてきていた．公表されたレポートには，日本，ドイツ，オランダ，アメリカ，オーストリアにおけるすべての物質の

---

[1] Material Flow Accounting は，物質フロー会計やマテリアルフロー勘定などと和訳されている（環境省編，2008；松八重，2008）．

投入量や排出量が，共通の枠組みのもとに把握され，比較評価がなされている．なお，マテリアルフロー分析がマテリアルフロー勘定から得られる情報を基に分析することから，勘定体系としてのMFAと分析ツールとしてのMFAを合わせて，MFA（Material Flow Accounts/Analysis）といわれることもある．

すべての物質を対象としたわが国におけるMFAの例は，『環境白書・循環型社会白書』に毎年掲載されている「我が国における物質フロー」として見ることができる（図2.3.1）[2]．この図は2005年度1年間の日本の経済社会における物質のフロー量を示している．入口側を見ると，輸入という物理的境界をまたいだ流入量が製品と資源を合わせて8.15億t，環境圏から収穫・採掘することで人工物圏に流入した量が8.31億t，リユースやリサイクルによ

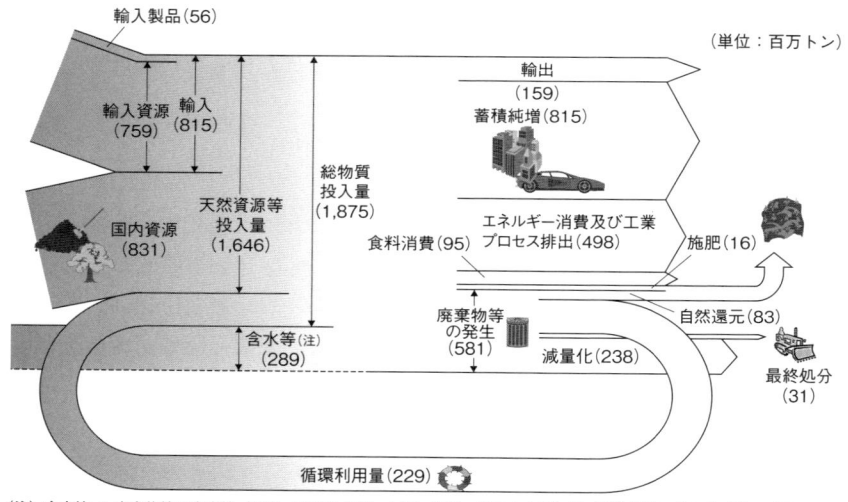

図2.3.1 わが国における物質フロー（2005年度）
出典：環境省編（2008）：平成20年版環境白書・循環型社会白書，ぎょうせい，東京．

---

[2] 日本においては，1990年代初めの環境白書ですでにマクロな物質代謝に関する報告がなされており，環境白書の英訳版でこれが紹介されたことから，上記の国際共同研究に参画した経緯がある（森口，2005）．

り循環利用された量が2.28億t，合わせて約19億tの物質が経済社会に投入されている．一方，出口側では，輸出による流出，エネルギー消費による燃料ガスの環境圏への流出，工業プロセスにおける同様の流出，食料消費による環境圏への流出，堆肥の消費による環境圏への散逸的流出，廃棄物等の発生が社会からの流出となり，総投入量から上記流出量を引いた残りが蓄積純増（net addition to stock）として計上されている．また，廃棄物等の発生分は，その後の中間処理などにより自然還元，循環利用，最終処分，減量化へと配分されている．

2003年3月に策定された循環型社会形成推進基本計画では，技術革新や財・サービスの需要構造の変化に関する過去のトレンドを踏まえつつ，廃棄物等の循環利用について最大限の努力により本計画に基づく取組みを進めた場合に達成可能な水準として，物質フローに関する数値目標を3つ定めている（資源生産性，循環利用率，最終処分量）．数値目標として掲げた3つの指標は，先に示した物質フロー図から毎年得られる情報であり，MFAから得られる定量データを政策目標値として設定し，その達成度を評価する指標として活用している日本の取組みは，世界に先駆けた取組みとなっている．

2.3.4 特定の物質を対象としたMFA

先の例のように，全物質の総量に着目することも有用な情報を提供するが，特定の物質に着目した分析も，それとは違った有用な情報を提供する．先述の日本の物質フローの例では，約16億tの天然資源等投入量があるが，そのうち約5.4億tが岩石や砂利である．この全物質の総質量の中で，需要量が80万t程度の亜鉛のフロー，さらには需要量が200t程度の金のフローを見ようとしても，他の物質の質量に埋もれて評価できなくなることは必至である．特定の物質の循環性や暴露量を評価する場合には，その物質に対象を限定して分析する必要がある．特定の元素や特定の化学物質に着目した分析においては，物質フロー分析（SFA: Substance Flow Analysis）という名称も使われ，両方を合わせてマテリアルフロー分析／物質フロー分析（MFA/SFA: Material Flow Analysis/ Substance Flow Analysis）と表現されることも多い．ここでは，物質フロー勘定や物質フロー分析を包含した広い意味でMFAと

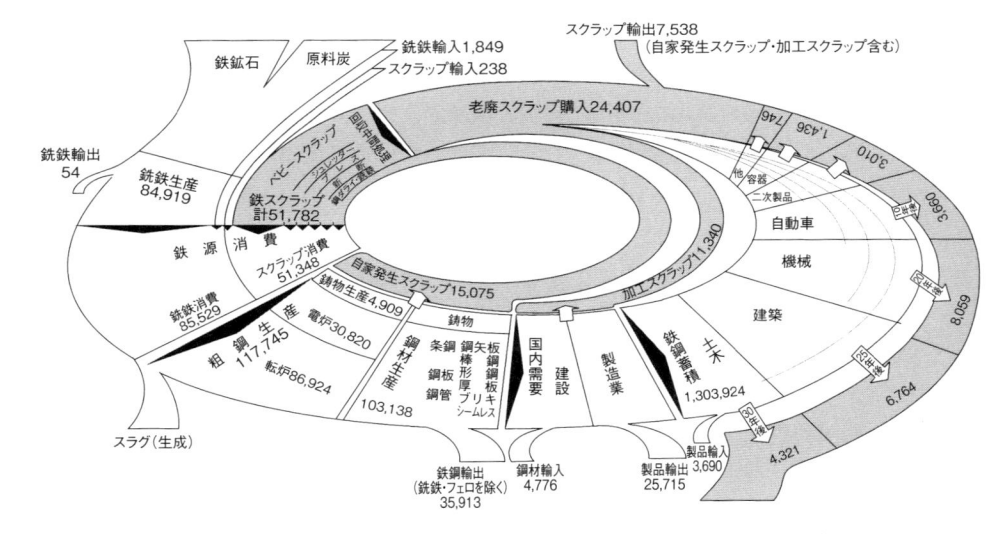

図 2.3.2　日本における鉄鋼循環図（2006 年度，単位：1000 t）
出典：日本鉄源協会（2008）：鉄源年報 2008，東京，p.34.

いう用語を使用することとする．

　特定の素材を対象とした MFA には，鉄鋼材を対象とした循環図がある．日本鉄鋼連盟が 1997 年に作成し，その後，日本鉄源協会で更新されてきたもので，日本における鉄鋼材のフローが循環している様が描かれている（図 2.3.2）．この図は，鉄鋼材のライフサイクルを通して，プロセスごとに順を追って，フロー量が一覧でき，その量的大小関係が線の太さで把握できる点で優れている．先にライフサイクルを通してと記したが，2006 年度のフローであるため，厳密には同じ素材のライフサイクルは見ておらず，老廃スクラップは過去に生産，消費されたものがこの年にスクラップとして回収されたものとなっており，それを区別した記述となっている．また，老廃スクラップ以外にも，自家発生スクラップや加工スクラップ，輸入スクラップが二次原料として利用されており，それらのフローは網かけして記されている．

　他の例では，世界の銅の物質（元素）としての 1994 年のフローを推計した Graedel らの研究結果を図 2.3.3 に示す．鉱物圏からの採掘フローから始まり，人工物圏における素材製造，加工・組立，使用，廃棄物処理におけるフ

54——2 章　マテリアル環境工学の手法

```
鉱石          電気銅        製品         廃棄
     製造              加工・組立      使用          廃棄物処理
10,710   200↑         11,650   7,800    3,850
         在庫  11,550              蓄積
      尾鉱,
      スラグ   スクラップ      680    スクラップ2,040        埋立,
      1,550    580                                廃棄物,
      尾鉱再活用                                    散逸
       250         1,360                          1,810

   鉱物圏                  環境                +3,110
   −10,710
```

単位：1,000t-Cu

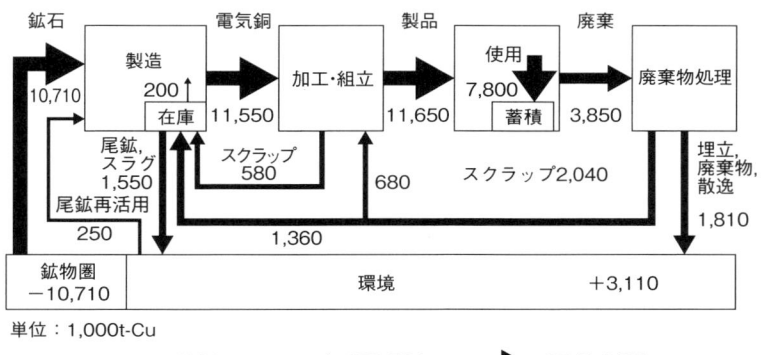

```
→ <100           ➡ 280-794      ➡ 2240-6499
➡ 100-279        ➡ 795-2239     ➡ ≧6500
```

図 2.3.3　世界における銅の物質フロー（2000年）

出典：Graedel TE *et al.* (2004): Multilevel Cycle of Anthropegenic Copper, *Environ. Sci. Technol.*, 38, 1242-1252 から作成.

ローと環境圏への排出フローが示されている．

　物質ではなく素材に特化してフローを分析することのメリットは，フロー情報に質量の情報だけでなく，品位の情報も持たせることができる点にあると，著者らは考えている．例えば，銅の元素としてではなく銅系の素材の日本におけるフロー図を図2.3.4に示す．左から右にライフステージが進んでいる点では，図2.3.3の例と同じである．違いは，上半分には，銅素材のフローを，下半分には銅合金素材のフローが示されている点であり，銅系素材における素材の違いが区別されている．特筆すべきは，右端に銅素材のサイクルから，銅合金素材のサイクルに向かって記された矢印であり，比較的大きなフロー量である．このフローは，銅スクラップが銅合金スクラップとしてカスケード的に利用されている様を示している．さらに，左下の銅合金サイクルから製錬（smelter）工程へのフローは，銅合金スクラップのうち，再溶解だけでは再利用できなくなった品位のスクラップを再度純化している量を示しており，これも比較的大きなフロー量である．つまり，製錬に回っている銅合金スクラップを，再溶解で銅合金に再利用できる品位で回収し，銅

2.3　リサイクルの可能性を調べる──55

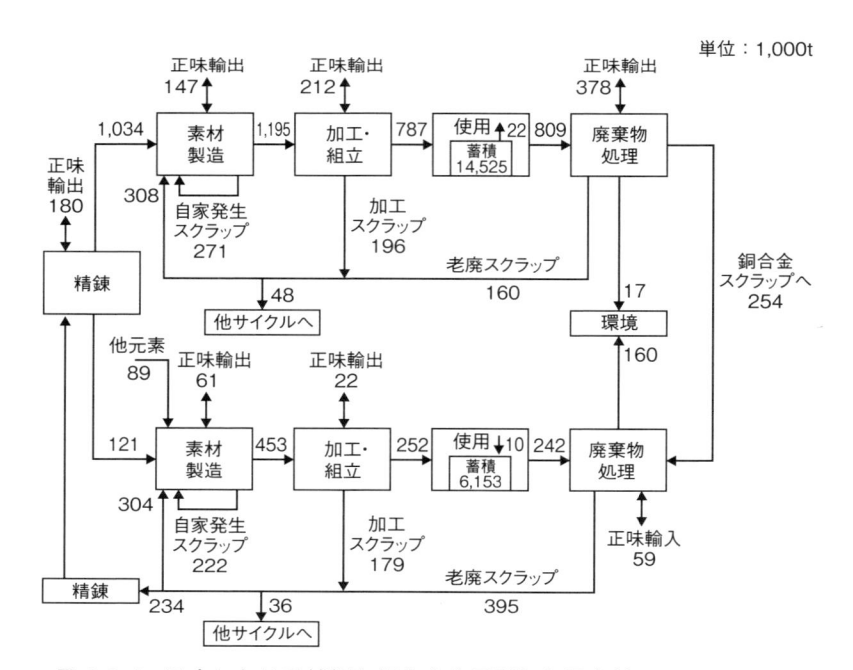

図 2.3.4 日本における純銅と銅合金を区別した銅素材のマテリアルフロー（2005年）

出典：巽研二朗ら（2008）：日本における銅の循環利用ポテンシャルの解析，日本金属学会誌，72(8), 617-624 から作成．

合金の原料としてカスケード利用されている銅スクラップを，銅素材に再利用できる品位で回収することで，電解を含む精練プロセスを回避することができることがわかる．このような考察は，素材の品位の区別なくしては不可能であり，金属の循環利用性を評価するにあたっては，このように品位を区別した上で素材に特化したフローを分析することが有用である（3.1節参照）．

2.3.5 物質フローから物質ストックへ

マテリアルフロー分析は，素材や物質のフローやストックを分析するツールであると先述したが，ここでは，初めにフローとストックの関係について少し考察を加えることとする．今，図2.3.5に記したようなシステムを考える．システムへの流入量と流出量がフロー量として把握されており，システ

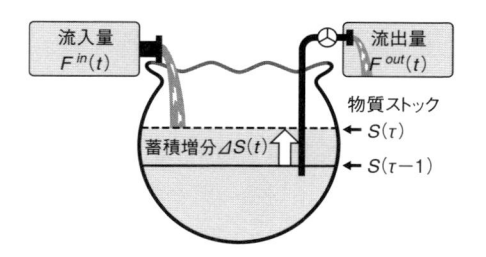

図 2.3.5　物質フローと物質ストックの関係

ム内のストック量も把握されているとする．これらの間には以下の関係が成り立っている．

$$\Delta S(t) = F^{in}(t) - F^{out}(t) \quad \text{式 (2.3.1)}$$

$$S(\tau) = S(\tau_0-1) + \sum_{k=t_0}^{t} \Delta S(k) \quad \text{式 (2.3.2)}$$

ここで，$F^{in}(t)$：t年の流入量（投入量），$F^{out}(t)$：t年の流出量（排出量），$\Delta S(t)$：t年における蓄積変化量，τ_0-1：観測開始年前年末時点（観測開始年首時点），$S(\tau)$：t年期末時点τにおけるストック量である．式（2.3.1）は，物質収支からt年における1年間の蓄積変化量$\Delta S(t)$は，t年の流入量$F^{in}(t)$とt年の流出量$F^{out}(t)$の差により導出されることを示している．この蓄積変化量は，現在の社会において，増加分として正の値をとることが多いため，図2.3.5の中では蓄積増分として記している．式（2.3.2）において，ある時点τにおける物質ストック量は，観測開始時点τ_0-1（t_0-1年の期末時点＝t_0年の期首時点）での物質ストック量にt_0年からt年までの蓄積変化量ΔSを積算することにより導出されることを示している．

　ここでフロー量とストック量の違いについて，少し補足説明しておこう．フロー量は動態値として，ストック量は静態値として把握される．動態値とは，一定期間（2つの時点間）におけるある事象の変化に関する物量であり，静態値とは，ある時点におけるある事象の状態に関する物量である．上の例では，流入（流出）量は「ある期間に流入（流出）した量」となり，ストック量は「ある時点におけるシステム内での存在量」となる．よって，図中あ

るいは式中において，t はフロー量の観測期間を示し，ストック量は観測期間末時点における値として示している．なお，多くのマテリアルフロー分析において，得られるデータが各年報などの統計値であることから，わかりやすさのために，本節では観測期間が1年であることを前提に説明しているが，それ以外の観測期間であっても，同様の定義が適用可能である．

前項までは，主に物質フローについて説明し，その把握の必要性として，循環利用性の評価とリスク評価を挙げたが，物質ストックの把握によって，どのようなことがわかるだろうか．今一度，図 2.3.1 に示した我が国における物質フローに戻って説明することとする．図 2.3.1 では 2005 年度のフローを示したが，これらフローの時系列での変化を図 2.3.6 に示す．

図 2.3.6 は過去からの総物質投入量，天然資源投入量，蓄積純増量の 1980 年から約 25 年間の推移を示している．総物質投入量は，1990 年をピークにそれ以前 7 年間は漸増し，それ以降は漸減の傾向を示している．総物質投入量の減少は望ましい方向であるが，資源の有限性から考えると，天然資源投入量の削減が望まれる．天然資源投入量を削減する 1 つの方向として，循環利用量の増加，つまりリサイクルの促進が目指されている．図 2.3.6 では，総物質投入量と天然資源投入量の差が，循環利用量として把握でき，近年の実績として促進されてきたことがわかる．次に，着目すべきは，総物質投入

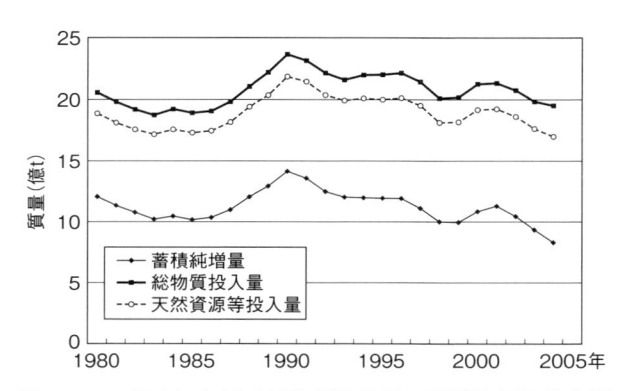

図 2.3.6　日本における総物質投入量，天然資源等投入量，蓄積純増量の 1980 年からの推移（環境省）

量の変化と蓄積純増量の変化が，同じ傾向を示している点である．少なくとも過去25年間を見る限り，蓄積純増量は，資源投入量に対しほぼ一定割合で推移している．

　ここで考えなければならないことは，リサイクルをどれだけ促進しても，蓄積増分に相当する天然資源投入量は必要となっているということである．すなわち，蓄積純増量が総物質投入量の半分程度のレベルで将来的にも推移すると，天然資源等投入量は総物質投入量の半分程度にまでしか削減されないということである．このような将来では，蓄積純増量とほぼ等しい量が天然資源等投入量となる図2.3.7に示すようなマテリアルフローが予想される．つまり，天然資源消費の小さな社会を実現するためには，蓄積純増分を減少させることも重要であることがわかる．なお，蓄積純増分の減少は，投資の減少を意味しているのではなく，物質の利用効率を高めた社会によって達成されると考えられる．

　では，この蓄積純増分とは，どのようにして導出されているのだろうか．2.3.3で図2.3.1の説明として先述したように，総投入量からすべての流出量を引いた残りが蓄積純増として計上されている．つまり，流入（投入）と流出（排出）の差分として「推計」されているのであって，蓄積純増分がどのようなものであるか，その内訳などの詳細は誰も把握していないのが現状

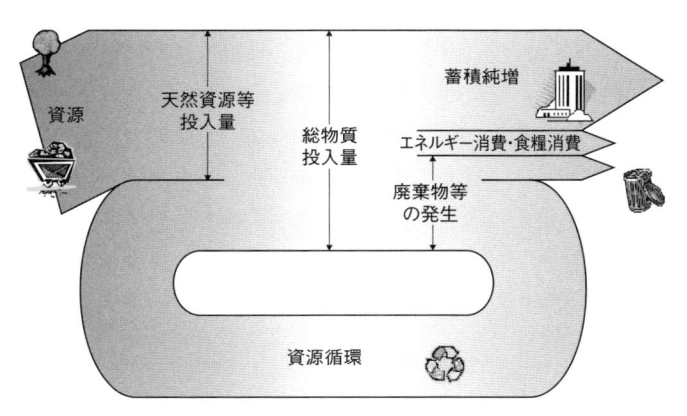

図2.3.7　蓄積純増量が減少しなかった場合の循環型社会のマテリアルフロー

である.2.3.2において人間の代謝に関する17世紀の研究事例として記したように,把握できるものしか把握していないのが現状であり,網羅されているかどうかは確認できていない.もし排出されているものの,把握されなかった量があるとすれば,それは蓄積純増として計上されていることになる.

橋本ら(2003)は,建設鉱物における投入量と廃棄量の差のすべてが蓄積純増ではなく,失われたマテリアルストック(missing material stock)として隠れたフローや自然界への排出,あるいは埋立に近い排出量が多くあると指摘している.梅澤と大久保(2005)は,日本のアルミニウムのマテリアルフローにおいて把握されていない廃棄量の存在を指摘している.さらに,布施と鹿島(2005)は,貿易統計値として計上されていない中古自動車の海外輸出分に着目し,認識されずに国外に流出している物質量の存在を明らかにした.村上ら(2005)は,非鉄金属の中古品としての海外輸出分に着目し,当該金属として認識されずに国外に流出している物質量の存在を明らかにしたといえる.このように,過去のいくつかの研究において指摘されているように,蓄積純増として計上されているものの中には,認識されずに発生している使用済み製品や廃棄物,認識されずに消散している損失などが含まれていると考えられる.

また,蓄積増分の行先は,物質ストックであり,物質ストック量が今後も増加し続ける必要があるのであれば,この蓄積増分は将来も減らないと考えられる.このように,資源循環性ならびに天然資源消費の削減という目標のためには,物質ストックならびに蓄積増分を把握することが重要であることがわかる.しかしながら,物質ストックならびに蓄積増分が何によって構成されているのか,その内訳は把握されておらず,フローとストックの整合も現段階では検討できていない.現在,ようやくMFAの研究分野において,物質ストックに着目した研究が始まったばかりである[3].図2.3.8に,日本における鉄鋼材の物質ストックを定量的に示しているが,最近の研究から,物質ストック量には使用中の物質ストックの他にも使用されずに退蔵されてい

---

3 例えば,Müllerら(2006),醍醐ら(2007),小澤ら(2008),Daigoら(2009)などに異なる素材や物質について異なる地域を対象とした事例がある.Gerst & Graedel(2008)にレビューがなされている.

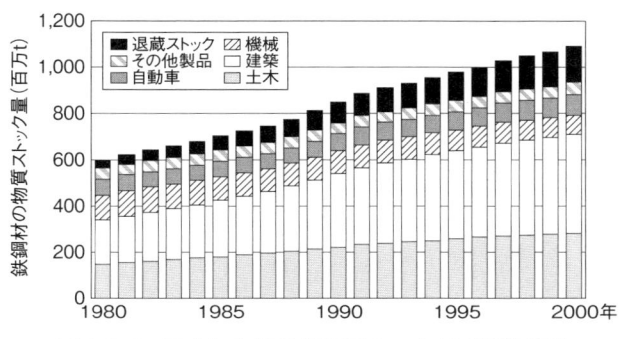

図 2.3.8　日本における鉄鋼ストック量の経年変化

る物質ストックがあることがわかってきている[4]．前者は使用中ストック（in-use stock），後者は退蔵ストック（obsolete stock あるいは hibernating material）などと呼ばれている．使用中ストックは，生活において使用している住宅，ビル，道路，橋梁，家電，自動車など，家庭や事務所，工場などにおいて人間活動に伴って使用されているすべての物質が含まれる．一方，退蔵ストックは，使用されなくなった後も社会から排出されず，そのまま存在し続けているものであり，普段目につかないことから，どのようなものかイメージしにくい．例えば，建築物の基礎に杭として用いられる鋼管やコンクリートなどは，回収されず埋設されたままとなる場合がある．他にも，使用されなくなったトンネルが例として挙げられ，新たなトンネルが別に建設され，古いものを撤去しなくとも邪魔にならない場合には，そのまま放置されることも多い．このような退蔵ストックも，年々の蓄積純増によって積み上がる物質ストックの一部を構成している．したがって，物質ストックがどのようなものによって形成されているのかを把握することは，蓄積純増として何が蓄積されているのか，蓄積から排出される物質のうち有効利用できていないものはないかなど，さらなる循環利用への示唆が得られると考えられる．今後，物質フローだけでなく物質ストックについても調査を進めるとともに，把握するための手法論についても研究を進め，知見を蓄積し，物質フ

---

[4] Brunner（1999），橋本ら（2003），Müllerら（2006），醍醐ら（2007）などにおいて指摘され，一部の研究では定量的に示されている．

ローと整合のとれる物質ストックをデータとして整備することが望まれる．なお，現在までに開発されている物質ストック量を把握する方法については，後段の 2.3.6（3）において詳述することとする．

2.3.6　MFA の実施方法
(1)　フロー図の描き方

　本項では，マテリアルフロー分析におけるフロー図の描画方法についての留意点を概説する．物質フローは，プロセスとモノの流れ（物量）で構成される．プロセスから見ると，モノは流入と流出として表れ，式（2.3.1）に示すように，すべてのプロセスにおいて，プロセスへの流入，流出，ストック変化は，物質収支を満たしている必要がある．一方，モノから見ると，プロセスはモノの状態変化のための通過点として表れる．ここでも，すべてのモノにおいて，あるモノの生成量，消費量，ストック変化は，物質収支を満たしている必要がある．一般に，フロー図の作成には，プロセスをボックスとし，モノの流れを矢印として統一する．図 2.3.3 ならびに図 2.3.4 が，この原則に従って描画されている．また，モノをボックスとし，プロセス量を矢印として統一することも可能である．図 2.3.2 は，ボックスと矢印型の表現とはなっていないが，この原則に従った図で，ボックス間の矢印が一部省略されていると見ることができる．ただ，図 2.3.2 は，一部の省略されていない矢印（プロセス量）もボックス（フロー量）と同じ形式にて記述されているため，少し不明瞭である．プロセスとモノがボックスあるいは矢印として混在すると，フロー図中の物質収支が不明瞭な図となってしまい推奨されない．また，フロー図の中にストック量を記す場合は，図 2.3.3 ならびに図 2.3.4 に示されるように，ボックス中に物質ストックのボックスとして表すと，ストックの増減もボックス中に矢印を記すことで示すことができる．

　データによっては，矢印の矢頭と矢尻の量を異なるデータ源から異なる値として得られることがある．例えば，素材の製造プロセスから加工プロセスへのフローが矢印で表されたとして，その矢尻の値として販売量が得られ，矢頭の値として購買量が得られるような場合が考えられる．他にも，プロセスの流入量の合計と流出量の合計の収支が，ストックの増減による影響を考

慮しても合わないこともある．その場合は，まず，各データ源のデータの定義ならびにそのデータの収集方法を調べ，差異となりうる要因がないか慎重に確認する．差異となる要因の例としては，輸出あるいは輸入をフローとして見落としている場合や，プロセスでのロスを考慮し忘れている場合などがある．統計値にも誤差があると考えられるため，その統計誤差が要因である場合もある．誤差が生じてしまったときには，誤差分を誤差とわかるように図中に記すことも考えられる．

(2) マテリアルフロー量の推計方法

マテリアルフロー分析に必要なデータ（フロー量やストック量）をどのように得ることができるか，一般的なデータ源や利用上の留意すべき点などとともに説明していこう．データを得る方法には，1）直接把握する方法，2）間接的に把握する方法，3）差分により推計する方法，4）関係性から推計する方法，5）モデルにより推計する方法，などが挙げられる．なお，ここでは，本書の目的により，評価対象を素材とし，国などの比較的広範囲な地域における1年間のマテリアルフローに関するデータを収集する手法を念頭に置き説明する．ただし，多くの手法において，素材以外の物質，工場などの比較的直接把握しやすい範囲，1日や1時間などの比較的短い時間に関するデータ収集に対しても適用可能であろう．

1) 直接把握する方法

フロー量を直接得る方法として，全数調査あるいはサンプル調査により得ることが考えられる．政府が整備している統計は，一定の基準（例えば，常用従業者20人以上の事業所など）を満たしている全数調査の結果をまとめたものである．また，業界団体が整備している統計は，当該団体に加盟の全数調査の結果をまとめたものである．いずれの場合においても，主にサプライチェーンに関するフロー量を得ることができる．貿易に関するフローは，貿易統計を参照することができる．他にも，全数から任意に抽出したサンプル調査を行った結果や，通年のうち一部の期間を対象とした調査結果をまとめた報告書などを参照し，拡大推計することも可能である．

2）間接的に推計する方法

間接的に把握する方法の1つとして，製品台数と素材原単位を乗じることで得る方法が挙げられる（IISI, 1996）．また，他素材と混在したフロー（例えば，廃棄物）中の当該素材量を同定するために，総フロー量に素材構成率を乗じることで得ることもできる[5]．これらの場合，素材原単位あるいは素材構成率は，十分な数のサンプルを偏りなく調査した結果を用いることが望ましい．総量が直接把握されていたとしても，目的とする区分でのフロー量が得られないことがある．この場合，総量を区分ごとに配分するなどの方法を用いることもある．さらに，LCAにも積上げ法と行列法があるように（2.1.3（3）コラム参照），産業連関表を用いて物質フローを推計するWIO-MFA（Nakamura & Nakajima, 2005; Nakamura & Kondo, 2009）が開発されている．

3）差分により推計する方法

把握されているプロセスの流入と流出に差があり，その差分が何らかのフロー量として特定できる場合，差分を計算することで，新たなフロー量が得られる．例えば，プロセスへの原材料の投入量がすべて把握されている場合，プロセスからの排出量のうち1つを除いて把握されれば，残りが除かれた1つのフロー量であることを特定できる（Nakajimaら，2007）．ただし，差分を計算するために用いたデータに不確実性が大きく，差分が総流入量と比較して小さい場合，この差分による方法を用いるのは望ましくない．

4）関係性から推計する方法

化学量論から，流入量と流出量の関係（割合）や2種類の流出量間の関係（割合）が既知な場合がある．例えば，酸化を伴うプロセスでは，プロセスに消費された酸素の質量は観測することが困難であり，排出側の酸化物から推計することとなる．

また，調査などによりこれらの関係性が得られることもある．例えば，素材の加工プロセスにおける歩留りは，全量を直接把握することが難しく，サンプル調査により歩留まりを把握する方法が一般的である（日本鉄源協会，

---

[5] Graedelら（2004）はCuの物質フローにおいて，Johnsonら（2006）は，Crの物質フローにおいて，廃棄物のフロー量と，フロー中の元素濃度を乗じて社会からの排出量を推計している．

1999).

5) モデルにより推計する方法

一般的に,使用済み製品の廃棄台数などのストックからの排出量は把握が困難であり,モデルにより推計することが有効である[6]. ここでは,製品寿命分布を考慮して,2.2節にて詳述したPBMをモデルとして用いることができる.また,PBM以外には,浸出モデル(leaching model)の適用が考えられる.モデルによるストックからの排出量推計は,ストック量推計と表裏一体であるため,浸出モデルの詳細は,次項の物質ストックの推計方法にて詳述する.

(3) 物質ストック量の推計方法

物質ストック量を推計する方法は,直接存在する物質を特定し推計する方法(ボトムアップ手法:bottom-up approach)と物質フロー量から推計する方法(トップダウン手法:top-down approach)に大別できる.

1) ボトムアップ手法

ボトムアップ手法は,社会中の保有量(存在量)を個々の製品ごとに積上げる方法である.式(2.3.3)に示すように,社会中の物質あるいは素材は,製品の形で存在しているため,製品の保有量に,物質や素材の使用原単位(含有率)を乗じることで得ることができる.過去の日本では,1970年(昭和45年)まで国富調査が定期的に行われ,日本における各種製品の存在台数が把握されていたこともある.また,1985年には,科学技術庁資源調査所が「資源消費・賦存構造研究会」を設置し,構築物や各種製品の現存量,累積投資額等から,日本における鉄鋼材の蓄積量を用途別地域別に推計している(吉本,1985).

$$S_i(t) = N_i(t) \cdot w_i \qquad 式(2.3.3)$$

i:製品種を示す添え字

---

[6] Melo (1999),van der Voetら (2002),醍醐ら (2005),山田ら (2007),山末ら (2008)などでモデルを用いて使用済み製品の発生台数や素材の排出量を推計している.また,van der Voetら (2002),五十嵐ら (2007)では一部に浸出モデルも用いている.

$N_i(t)$：t 年期末での製品 i の保有量 　　　（必要な観測データ）
w_i：製品 i 中の対象物質あるいは素材の使用原単位
　　　　　　　　　　　　　　　　　　　　　　（必要なパラメータ）

　ボトムアップ手法は，使用中ストックの推計に適しており，時間と費用がかかるものの，推計結果は比較的正確である．また，どのような地理的区分，製品区分であっても区別可能である点に優れるが，網羅性を担保することが困難である．Drakonakis ら（2007）が鉄と銅について同時に本手法を適用しているように，同じシステム境界において複数の物質を計上する際には，製品に関する情報などの一部データを共有できる優位性を持つ．観測データとして，t 年期末での製品 i の保有台数が必要であり，パラメータとして製品 i 中の対象物質の含有率が必要となる．原則として，物質ストックは，ある1時点の状態における量を示すが，本手法において各種製品の保有台数を新たに調査する場合，1時点ではなく時間の幅を持った調査時期に対応した物質ストック量になる点に留意が必要である．

　また，製品の保有量データから物質ストックを推計する方法の他に，まったく異なる観測データからのボトムアップ推計も考えられる．例えば，現在提案されているものは，夜間光衛星画像である．人工衛星より撮影された夜間の地球表面の観測光は，人間の経済活動と密接な関係があり，エネルギー消費や GDP などの経済活動と相関があることが報告されている（Welch, 1980；Elvidge *et al.*, 1999）．高橋ら（2008）は，銅素材に着目し，経済活動の結果である物質ストックも，光強度と強い関係があると考えた．すなわち，人口の光があるところには電気があり，送電ケーブルを構成する銅が使われているはずである．相関を分析した結果，衛星から観測される地表夜間光と銅ストックには強い相関があることが明らかになり，新たな物質ストック推定手法の可能性が開かれた．夜間光観測データを使うことにより，地球全土のデータが入手できることとなり，統計データなどのフロー量が未整備な地域でも，銅ストックを同様に推定することが期待できる．

2）トップダウン手法

　トップダウン手法には，投入量と排出量の差分から得られる蓄積増分を用

いて推計する方法と，モデルを用いて推計する手法がある．

　前者は，2.3.5 に記したように，毎年の蓄積増分を投入量と排出量の差分として算出し，過去の基準となる年から対象年まで加算する方法である（式 (2.3.1) と式 (2.3.2) を参照）．観測データとして τ 年の物質投入量と排出量，さらに観測開始時点におけるストック量が必要である．投入量と排出量は比較的容易に入手できる利点がある（日本鉄源協会，1999）．また，退蔵製品，埋立物，散逸物などのデータは，排出量として把握するのが困難であるため，本手法は埋立物や散逸物などの退蔵ストックと使用ストックの合計（総ストック）の推計に適している．また実際は，投入量を把握することは容易ではなく，素材の間接輸出入や加工時の歩留まりなどのデータから推計することとなる．なお，本手法は資本ストック勘定におけるベンチマークイヤー法に類する．

　後者は，2.2 節で記した PBM のような製品寿命を考慮したモデル（Müller et al., 2006；醍醐ら，2007；Hashimoto et al., 2007）を用いた既存研究と，先に少し触れた浸出モデル（五十嵐ら，2007）を用いた既存研究がある．PBM を用いた MFA は，van der Voet ら（2002）によると遅れモデル（delay model）として整理され，浸出モデルと対比されている．PBM を用いた物質ストック推計は，前節の式 (2.2.27) で表される．ここで残存率に，使用されている製品の残存率を用いると，使用中ストックとしての推計となり，社会から排出されるまでの残存率を用いると，退蔵ストックまで含めた総ストックの推計となる．ただし，埋設残材などの視認できない残存分は把握が難しく，実質的には使用中ストックの推計に適していると考えられる．なお，PBM を用いた方法は，資本ストック勘定における恒久棚卸法に類する．

　もう一方の浸出モデル法は，タンクの底の穴から水が浸出するように，物質ストック量に対し定率の排出量を設定することで，推計する手法である．浸出モデル法における物質ストック量と排出量の関係式を，L を物質ストックからの排出率として式 (2.3.4) に示す．さらに，式 (2.3.4) と式 (2.3.1) を式 (2.3.2) に代入すると，式 (2.3.5) に示す前期の物質ストック量との関係式が得られる．既存の研究では，建築断熱材からの CFCs（フロン類）の放散量の同定に用いられている（van der Voet et al., 2002）．他にも，土壌中に散

布された有機物質のストック量を把握するのに適していると考えられる．浸出モデルでは，いつの時点でストックになったかを考慮していないことから，社会中のフローのモデル化では適用範囲に制約がある．ただし，van der Voet ら（2002）が指摘するように，近年の投入量に変化がなく使用年数が長くない製品を対象とする限り，使用年数モデルの簡易手法として用いることができる（五十嵐ら，2007）．

また，PBM，浸出モデルともに，当期の物質ストックを前期までのフローとストックで表すモデルとなっているので，近い将来の物質ストックについても，将来の投入量を仮定することで推計することができる．

$$F^{out}(t) = S(t) \cdot L \qquad 式（2.3.4）[7]$$
$$S(t+1) = S(t) + F^{in}(t+1) - S(t) \cdot L \qquad 式（2.3.5）$$

2.3.7 物質ストック量の将来動向

ここでは，物質ストック量の将来動向について少し考察する．図2.3.8において，現在までの鉄鋼材の物質ストック量の推移を推計した結果を示した．近年，増加の速度は少し緩くなっているものの，増加し続けていることがわかる．これは鉄鋼材の例に限らず，銅素材（Daigo et al., 2009）やアルミニウム素材（Murakami et al., 2008）においても，同様の傾向を見せている．では，この物質ストックは今後も増加し続けるのであろうか．

既存の研究において，図2.3.9に概念図を示すようなIU仮説（Intensity of Use hypothesis）（van Vuuren et al., 1999）が提示されている．IU仮説は，産業の発展段階では物質の消費量は増加するものの，ある程度成熟した社会では，サービス化などにより物質消費量は飽和し，さらなる技術の進歩により産業の物質使用原単位が減少し，物質消費量は減少していくだろうとする仮説である．図2.3.9に示すように，経済発展を示す軸として横軸に1人あたりのGDPを取ると，GDPあたりの資源消費量は逆U字カーブを描き，ある時点でピークを迎えた後は，減少していくと考えた．

IU仮説は，資源消費量についての考察であり，消費量（フロー）と蓄積量

---

[7] 式（2.3.4）では当期ストックに排出率を乗じたが，前期ストックに廃棄率を乗じるモデルも可能である．

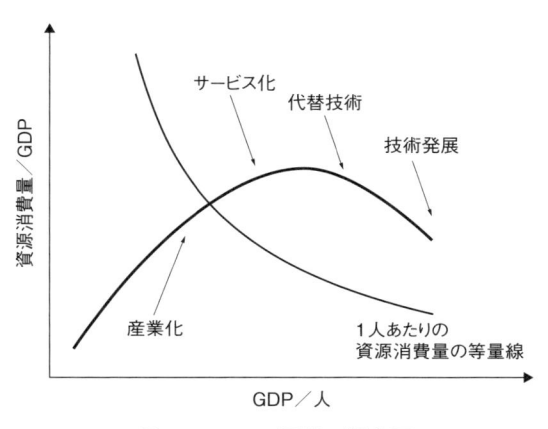

図 2.3.9 IU 仮説の概念図

（ストック）の関係にまで言及していないが，今までの考察でわかるように，資源消費量と蓄積純増量は密接に関係している．資源消費量がIU仮説に従うならば，蓄積純増量は，経済発展の初期段階では資源消費量の増加に従い増加し，資源消費量のピークに少し先立ちピークを持ち，さらには資源消費量よりも著しい減少傾向を示すことが予想される．つまり，蓄積純増量も，IU仮説のように，経済発展の経過に伴って，凸の変化を示すことが予想される．すると，この凸グラフの面積が，将来までの社会における物質ストックとしての必要量（飽和量）と考えることができる．このように，IU仮説は，物質ストックの観点から見ると，ある値に向かって飽和するようなシグモイド曲線（sigmoid curve）（S字曲線（S-shape curve））として読み替えることができると考えられる．

実際の物質ストックを勘定した例として，アメリカにおける鉄の物質ストック量では，物質ストック量は単調増加をしているものの，増加の速度は日本よりも緩やかになってきている．また，物質ストック量を1人あたりに変換してみると，1980年代後半に示した値（12 t-Fe/人）をピークにほぼ横ばいとなっている．このアメリカの鉄ストックの事例以外にも，同じ鉄ストックについて，いくつかの国において飽和傾向を見せ始めているとの推計結果もある（Müller, 2007）．また，製品に着目したDargayら（2006）の研究では，

自動車の保有台数に関して，1人あたりの保有台数が，飽和傾向にあることが示されている．

　今まで，多くの需要量予測は，過去の需要量を時系列で分析することにより，そのトレンドを将来に延長する方法が用いられてきた（Crompton, 2000）．しかし，ここまでで見てきたように，物質フローである需要量（流入量）と物質ストックは，互いに関連している．そのため，物質ストックの将来動向が予測されれば，それから需要量の将来動向を推計することが可能である．先述したように，まだ物質ストックに関する研究は，緒に就いたばかりであり，物質ストックの将来動向を推計する十分な知見は蓄えられていないかもしれないが，戸井ら（1998）や五十嵐ら（2007）は，ロジスティック曲線（logistic curve）と呼ばれる飽和曲線を用いて，鉄鋼材の将来需要の推計を試みている．ロジスティック曲線は，典型的なシグモイド型の曲線であるが，先のDargayらの研究ではゴンペルツ曲線（Gompertz curve）を用いるなど，この他にもシグモイド曲線はいくつか知られている．

　以下よく用いられるシグモイド曲線について解説する．

1) ロジスティック曲線

　ロジスティック曲線は，最初1830年代にベルギーの数学者Verhulst（Petri-Francisci Verhulst）によって考案され，1920年頃アメリカの生物統計学者Pearl（Raymond Pearl）とReed（Lowell J. Reed）によってまったく独立に再発見された．ロジスティックという名称は，Verhulstが命名したもので，「計算に巧みな」という意味で用いられたといわれる．人口増加や動植物の生存数変化などを扱うポピュレーションダイナミクス（人口動態，個体群動態，集団動態，人口動態学，数理動態学）の分野において，環境収容力（carrying capacity）からの増殖の制約を受けるモデルとしてよく用いられる．

$$P(x) = \frac{L}{1+e^{-(a+bx)}} \qquad 式（2.3.6）$$

　式（2.3.6）を用いたロジスティック回帰分析（logistic regression analysis）というツールは，1951年にアメリカの免疫学者Dawberらがコホート研究において多重リスクファクターを用いた分析ツールとして開発した．複数

のリスクファクター（多重リスクファクター）によって発生する確率を説明するため，各リスクファクターを要素とするベクトル$\vec{x}$ $(x_1, x_2, \cdots, x_k)$を説明変数とする．説明変数の線形の合成変数を右辺とし，発生確率関数fのロジット（logit）を左辺に取ると，式（3.2.7）のように表される．

$$\ln\left[\frac{f(\vec{x})}{1-f(\vec{x})}\right] = a + b_1 x_1 + b_2 x_2 + \cdots + b_k x_k \qquad 式（2.3.7）$$

式（2.3.7）はロジスティックモデル（logistic model），あるいはロジスティック回帰モデル（logistic regression model）とも呼ばれる．また本モデルを用いた分析は，ロジスティック回帰分析やロジット分析などと呼ばれる．なお，左辺のロジットは，発生確率と非発生確率の比の対数であることから，対数オッズ比とも呼ばれる．左辺の式を見ればわかるように，発生確率のように0から1の間の値しか取らない変数の場合，このロジットを用いるのが有効である．

ここで式（2.3.7）の右辺の説明変数の線形の合成変量をzとし，さらに対数を指数に変換すると

$$\frac{f(x)}{1-f(x)} = e^z \qquad 式（2.3.8）$$

と表せ，さらに変形を続け

$$\frac{1-f(x)}{f(x)} = \frac{1}{e^z} \qquad 式（2.3.9）$$

$$f(x) = \frac{e^z}{e^z+1} = \frac{1}{1+e^{-z}} \qquad 式（2.3.10）$$

を得る．ここで，ベクトル$\vec{x}$を単純にスカラーの変数xとすると，$z = a + bx$となり，代入することで式（2.3.6）となる．また，この関数は分布として用いることも可能で，その場合，確率密度関数は式（2.3.11）となり，平均値は$-a/b$，最頻値は平均値と同じ，分散は$\pi^2/3b^2$となる．

$$f(x) = \frac{be^{-z}}{(1+e^{-z})^2} \qquad 式（2.3.11）$$

2）ゴンペルツ曲線

　1825年にGompertz（Benjamin Gompertz）が，当時のヨーロッパ各国の死亡人口統計から中年以降の年齢別死亡率が指数関数的に増加することを見出し，死亡の秩序を表現しようとして，この曲線による表現を着想し，発表した．今でも人口学における生命表の高年齢死亡率の補整・補外によく用いられる．

$$P(x) = ka^{b^x} \qquad 式（2.3.12）$$

a の指数 b にさらに指数 x がついており，判別しにくいので，両辺の対数をとって

$$\ln[P(x)] = \ln k + (\ln a)b^x \qquad 式（2.3.13）$$

と表されることもある．

　一定年齢の人口数を y とし，t 歳時の死亡率 $-dy/y$ は，年齢とともに指数関数的に増加すると仮定し

$$\begin{aligned} -\frac{dy}{y} &= Bb^t dt \\ &= B\exp(t\cdot\ln b)dt \end{aligned} \qquad 式（2.3.14）$$

を得る．これを積分して

$$\begin{aligned} -\ln y &= \frac{B}{\ln b}\exp(t\cdot\ln b) + C, \quad (C:\text{const.}) \\ &= \frac{B}{\ln b}b^t + C \end{aligned} \qquad 式（2.3.15）$$

さらに変換を続けて

$$y = \exp\left(-\frac{B}{\ln b}b^t + C\right)$$

$$= A\exp\left(-\frac{B}{\ln b}b^t\right), \quad (A = \exp C)$$

$$= A\left\{\exp\left(-\frac{B}{\ln b}\right)\right\}^{b^t} \qquad 式（2.3.16）$$

ここで，$A=1$, $a=\exp\left(-\dfrac{B}{\ln b}\right)$ とすると，式（2.3.12）が得られる．

3) 修正指数曲線（modified exponential curve）

修正指数関数は，時系列解析における傾向変動（トレンド）の抽出によく用いられる．指数曲線（exponential curve）に k という定数項を加えたものであり，式（2.3.17）で表される．指数曲線が，時間とともに無限に増加するのに対し，k を加えたことで，上限値または下限値を有する．k は，a が正であれば下限値を示し，a が負であれば上限値を示す．

$$P(x) = k + ab^x \qquad 式（2.3.17）$$

参考文献

足立芳寛，松野泰也，醍醐市朗，滝口博明（2004）：環境システム工学，東京大学出版会，東京，240pp.

Adriaanse A, Bringezu S, Hammond A, Moriguchi Y, Rodenburg E, Rogich D, Schütz H (1997): Resource flows: the material basis of industrial economies, World Resources Institute, Washingon, D.C., U.S.A.; Wuppertal Institute, Wuppertal, Germany; Netherlands Ministry of Housing, Spatial Planning, and Environement, The Hague, Netherlands; National Institute for Environmental Studies, Tsukuba, Japan, 66 pp.

Ayres RU, Kneese AV (1969): Production, consumption, and externalities, *The American Economic Review*, 59(3), 282-297.

Brunner PH (1999): Editorial: In Search of the Final Sink, *Environmental Science & Pollution Research*, 6(1), 1.

Brunner PH, Rechberger H (2003): Practical Handbook of Material Flow Analysis, Lewis Publishers, Boca Raton, FL, 332 pp.

CJC（（財）クリーン・ジャパン・センター）(2008)：日本のマテリアルバランス2005，（財）クリーン・ジャパン・センター，東京，15 pp.

http://www.cjc.or.jp/modules/incontent/2005mb.pdf (2008/11/07)

Crompton P (2000): Future trends in Japanese steel consumption, *Resources Policy*, 26, 103-114.

醍醐市朗,藤巻大輔,松野泰也,足立芳寛 (2005):鋼材循環利用における環境負荷誘発量解析のための動態モデルの構築,鉄と鋼,91 (1), 171-178.

醍醐市朗,五十嵐佑馬,松野泰也,足立芳寛 (2007):日本における鉄鋼材の物質ストック量の導出,鉄と鋼,93(1),66-70.

Daigo I, Hashimoto S, Matsuno Y, Adachi Y (2009): Material stock and flow accounting for copper and copper-based alloys in Japan, *Resources, Conservation & Recycling*, 53, 208-217.

Dargay J, Gately D, Sommer M (2006): Vehicle Ownership and Income Growth, Worldwide: 1960-2030, *The Energy Journal*, 28(4), 143-170.

Drakonakis K, Rostkowski K, Rauch J, Graedel TE, Gordon RB (2007): *Resources, Conservation & Recycling*, 49, 406.

Elvidge CD, Baugh KE, Dietz JB, Bland T, Sutton PC, Kroehl HW (1999): Radiance calibration of DMSP-OLS low-light imaging data of human settlements, *Remote Sensing of Environment*, 68, 77-88.

European Communities (2001): Economy-wide material flow accounts and derived indicators, Office for Official Publications of the European Communities, Luxembourg, 92 pp.

Fischer-Kowalski M (1998): Society's metabolism—The intellectual history of materials flow anlysis, Part I, 1860-1970, *Journal of Industrial Ecology*, 2(1), 61-78.

古川俊之 (1996):寿命の数理,朝倉書店,東京.

布施正暁,鹿島 茂 (2005):廃棄物学会論文誌,16(6),508-519.

Gerst MD, Graedel TE (2008): In-Use Stocks of Metals: Status and Implications, *Environmental Science & Technology*, 42(19), 7038-7045.

Graedel TE, Allenby RB (1995): Industrial Ecology, Prentice Hall, NJ, 412 pp.

Graedel TE, Van Beers D, Bertram M, Fuse K, Gordon RB, Gritsinin A, Kapur A, Klee RJ, Lifset RJ, Memon L, Rechberger H, Spatari S, Vexler D (2004): Multilevel Cycle of Anthropegenic Copper, *Environmental Science & Technology*, 38, 1242-1252.

橋本征二,谷川寛樹,森口祐一 (2003):第31回環境システム研究論文発表会講演集,497-502.

Hashimoto S, Tanikawa H, Moriguchi Y (2007): Where will large amounts of materials accumulated within the economy go?—A material flow analysis of construction minerals for Japan, *Waste management*, 27, 1725-1738.

五十嵐佑馬，柿内エライジャ，醍醐市朗，松野泰也，足立芳寛（2007）：将来の日本及びアジア諸国における鋼材消費と老廃スクラップ排出量の予測，鉄と鋼，93(12)，782-791.

IISI (International Iron and Steel Institute) (1996): Commission on Economic Studies, Indirect Trade in Steel—1989-1993, Brussels.

Johnson J, Schewel L, Graedel TE (2006): The Contemporary Anthropogenic Chromium Cycle, *Environmental Science & Technology*, 40, 7060-7069.

環境省編（2008）：平成20年版環境白書・循環型社会白書，ぎょうせい，東京.

小澤純夫，米澤公敏，月橋文孝（2007）：世界の鉄源需要展望：エネルギー長期需給展望との比較考察，鉄と鋼，93(12)，715-727.

松八重一代（2008）：マテリアルフロー分析とサブスタンスフロー分析，日本LCA学会誌，4(3)，299-303.

Matthews E, Amann C, Bringezu S, Fischer-Kowalski M, Hüttler W, Kleijn R, Moriguchi Y, Ottke C, Rodenburg E, Rogich D, Schandl H, Schütz H, van der Voet E, Weisz H (2000): The weight of nations: material outflows from industrial economies, World Resource Institute, Washington, D.C., 125 pp.

Melo MT (1999): Statistical analysis of metal scrap generation: the case of aluminium in Germany, *Resources, Conservation & Recycling*, 26, 91-113.

森口祐一（2005）：3R推進の指標開発—物質フロー分析の国際共同研究の経験—，季刊環境研究，136，19-26.

Müller DB, Wang T, Duval B, Graedel TE (2006): Exploring the engine of anthropogenic iron cycles, *Proceedings of the National Academy of Sciences*, 103, 16111-16116.

Müller DB (2007): Historic patterns of anthropogenic iron stocks, Toronto, Canada, 17-20 June 2007.

村上進亮，寺園淳，森口祐一，茂木源人（2005）：エネルギー・資源学会第21回エネルギーシステム・経済・環境コンファレンス講演論文集，155-158.

Murakami S, Hatayama H, Daigo I, Matsuno Y (2008): Differences in Methodologies of MFA and MSA for Metals, The Eighth International Conference on EcoBalance, December 10-12, Tokyo, Japan, P-088.

Nakajima K, Yokoyama K, Nakano K, Nagasaka T (2007): Substance Flow Analysis of Indium for Flat Panel Displays in Japan, *Material Transactions*, 48(9), 2365-2369.

Nakamura S, Nakajima K (2005): Waste Input-Output Material Flow Analysis of Metals in the Japanese Economy, *Material Transactions*, 46(12), 2550-2553.

Nakamura S, Kondo Y (2009): Waste Input-Output Analysis: Concepts and Application to Industrial Ecology, Eco-Efficiency in Industry and Science, 26, Springer, February.

日本鉄源協会 (1999): 我が国の鉄鋼蓄積量, クォータリーてつげん, 1.

日本鉄源協会 (2008): 鉄源年報 2008, 東京, p. 34.

高橋和枝, 寺角隆太郎, 中村二朗, 醍醐市朗, 松野泰也, 足立芳寛 (2008): 衛星夜間光観測データを用いた銅のストック解析, 日本金属学会誌, 72(11), 852-855.

滝沢 智 (2004): 環境工学のための数学, 数理工学社, 東京, pp. 175-179.

丹後俊郎, 高木晴良, 山岡和枝 (1996): ロジスティック回帰分析―SAS を利用した統計解析の実際 (統計ライブラリー), 朝倉書店, 東京, 245 pp.

巽 研二朗, 醍醐市朗, 松野泰也, 足立芳寛 (2008): 日本における銅の循環利用ポテンシャルの解析, 日本金属学会誌, 72(8), 617-624.

戸井朗人, 佐藤純一 (1998): ロジットモデルを用いた素材のリサイクルシステムの評価, 鉄と鋼, 84(7), 534-539.

梅澤 修, 大久保正男 (2005): 軽金属学会 108 回春季大会講演概要, 15.

van der Voet E, Kleign R, Huele R, Ishikawa M, Verkuijlen E (2002): Predicting future emissions based on characteristics of stocks, *Ecological Economics*, 41, 223-234.

van Vuuren DP, Strengers BJ, De Vries HJM (1999): Long-term perspectives on world metal use―a system-dynamics model, *Resources Policy*, 25, 239-255.

Welch R (1980): Monitoring urban population and energy utilization patterns from satellite data, *Remote Sensing of Environment*, 9, 1-9.

Wolman A (1965): The metabolism of cities, *Scientific American*, 213(3), 178-193.

山田宏之, 醍醐市朗, 松野泰也, 足立芳寛 (2007): 廃棄が促進される製品の排出量予測 (地上アナログ放送停波を考慮したカラーテレビ排出量予測), 廃棄物学会論文誌, 18(3), 194-204.

山口喜一編著, 伊藤達也, 金子武治, 清水浩昭 (1989): 人口分析入門, 古今書院, 東京, pp. 58-65.

山末英嗣, 中島謙一, 醍醐市朗, 松八重 (横山) 一代, 橋本征二, 奥村英之, 石原慶一 (2008): 家電製品の廃棄に伴うレアメタルの潜在的拡散量評価, 日本金属学会誌, 72(8), 587-592.

吉本秀幸 (1985): 積み上げ方法によるわが国の鉄鋼蓄積量の推定―建設, 自動車, 船舶, 機械部門を中心として―, 鉄鋼界, 35(9), 70-78.

2.4 素材の「ライフサイクル機能量」を推計する
——マルコフ連鎖モデル

2.4.1 本節のねらい

製品に使用される素材のライフサイクルは，土中や森林等から採取され，生産（製錬），加工されることに始まり，ある製品に使用された後，焼却や埋立等により最終的に廃棄されることで終わる．この間，使用済みの製品から素材が回収され，別の製品の材料になることも多々ある．リサイクルの進展により，このような回収，再使用の回数は大きくなっていく．

通常，素材が最初に製造される時に誘発される環境負荷と，リサイクル時に誘発される環境負荷は異なるので，素材のリサイクルの状況を定量的に評価することは，素材の使用に関する環境負荷誘発量の評価において重要である．本節では，素材が，そのライフサイクルの間に社会において使用される（機能する）量（kg/kg）を「素材のライフサイクル機能量」と定義し，定量的に評価する方法を解説する．

2.4.2 仮想モデルにおける素材のライフサイクル機能量

仮想的なマテリアルフローを対象として，素材のライフサイクル機能量を評価する．

図 2.4.1 は，リサイクルがまったく行われないケースである．この場合，素材がそのライフサイクルの間に社会で使用される（機能する）のは，200 t である．すなわち，この素材のライフサイクル機能量は 1 （kg/kg）である．

図 2.4.2 は，素材を 1000 t 使用する製品から，スクラップ材を 800 t 回収し，回収した全量を同製品の製造で使用するケースである．この場合，素材は何度もリサイクルされるが，その量は回収プロセスを経るたびに減少していく（図 2.4.3）．この素材がそのライフサイクルの間に使用される（機能する）量 N は，次式で求められる．ただし，r は回収率である．

$$N = 1 + r + r^2 + r^3 + \cdots + r^n \qquad 式（2.4.1）$$

ここで，n を無限大とすると，

図 2.4.1 リサイクルが行われない場合

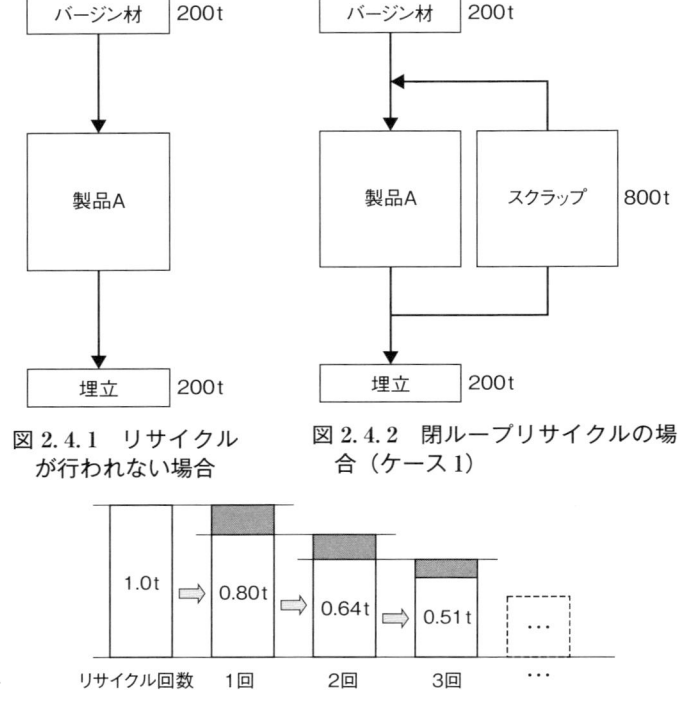

図 2.4.2 閉ループリサイクルの場合（ケース1）

図 2.4.3 素材のリサイクル回数と使用される（機能する）量

$$N = 1/(1-r) \qquad 式（2.4.2）$$

となる．

　この方法は，社会における素材のフローの入出力が一定かつ整合する状態である場合に，適用できる．例えば，図 2.4.4，2.4.5 のような開ループリサイクルを含むケースでも適応できる．

　しかし，実際のマテリアルフローは，そのように簡単なものではない．また，寿命の長い製品が含まれるマテリアルフローの場合には，社会に蓄積された素材の量がマテリアルフローに影響するため，フローの入出力の量的整合がとれないケースが生じる（図 2.4.6）．このような場合，マルコフ連鎖モデルが有用なツールとなる．

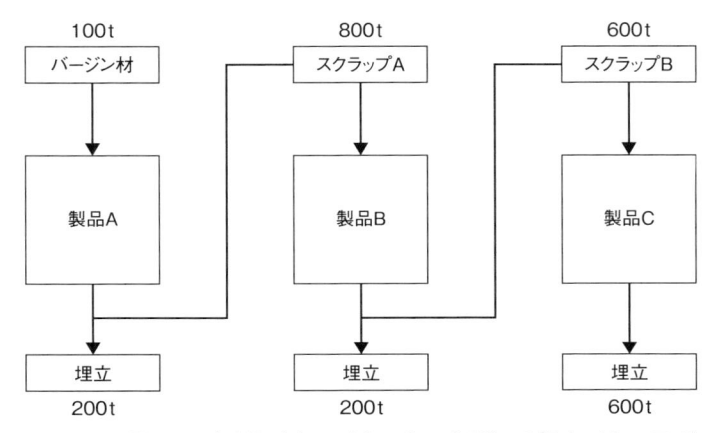

図 2.4.4　開ループリサイクル（カスケード型）の場合（ケース 2）

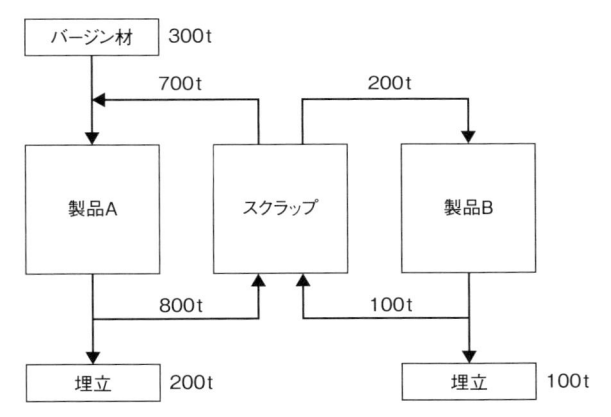

図 2.4.5　開ループリサイクルと閉ループリサイクルが混在（ケース 3）

2.4.3　マルコフ連鎖モデルの適用

(1)　マルコフ連鎖モデルとは？

　素材は，製品に加工され使用状態となった後，一部はスクラップとして回収され，一部は廃棄される．回収されたスクラップの一部は原料として再使用される．このような素材の状態推移のプロセスが「一定である（平衡状態である）」と仮定すれば，ある状態から次の状態になる確率は，その状態によ

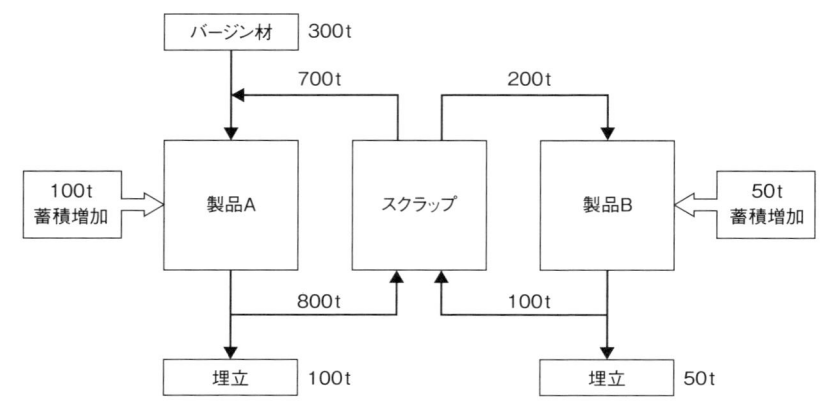

図 2.4.6 開ループリサイクルと閉ループリサイクルが混在（社会蓄積がある場合）（ケース 4）

り一意に決定される．このような構造はマルコフ性と呼ばれ，マルコフ連鎖モデルにより解析できる（尾崎，1996；シナジ，2001）．

　マルコフ連鎖は，確率論的アプローチを用いるシミュレーションで多用されている．シミュレーションは，方法論的には，分子動力学法のような決定論的（deterministic）手法と，モンテカルロ法に代表される確率論的（stochastic）手法に大別できる．分子動力学法は，運動方程式を離散的に解くのに使われることが多く，モンテカルロ法は平衡特性のシミュレーションに使われることが多い（酒井・泉，2004）．

　ここでは，ある時点における社会における素材のマテリアルフローを評価対象とする．これを分子動力学法のような決定論的手法で評価する場合，状態間の関係を方程式で表すため，膨大かつ詳細な情報が必要となり，その解析は容易ではない．そこで，ある時点における素材のマテリアルフローを平衡状態と仮定し，これにマルコフ連鎖モデルを適用した確率論的手法で解析する．

　また，本研究で扱うマルコフ連鎖は，斉時（homogeneous）マルコフ連鎖であって，時間に依存した非斉時マルコフ連鎖を扱うものではない．したがって，本手法において異なる時点のマテリアルフローの評価を行うことは，

独立した異なる平衡状態を対象とした解析を行うことを意味し,その間に連続性はない.なお,非斉時マルコフ連鎖は,医学分野等での応用事例がある (Pérez-Ocón et al., 2001; Ocaña-Riola, 2005).

(2) 解析方法

以下に,マルコフ連鎖モデルを適用した素材のライフサイクル機能量の解析方法を説明する.

1) 素材のマテリアルフローを調査し,その素材が社会に投入されてから,埋立や焼却等の最終状態に至るまでの状態をモデル化する.
2) 各「状態」を,同じ順序で行と列に並べた表を作成する.表の各要素は,行の示す「状態」から,各列の「状態」への推移量を示す.例えば,「バージン材」を示す行では,バージン材が使用される製品等を示す列に,その使用量が示されることになる.その行が「製品」を示す行の場合,その次の「状態」である使用済み製品や廃棄の列に回収量や廃棄量が示される.
3) 上表の各行の和を計算する.この表の各要素を x_{ij},行和を X_i とする時,式(2.4.3)により算出される要素 a_{ij} を成分に持つ正方行列 A を求める.正方行列 A は,状態 i から状態 j に推移する確率を示す状態推移確率行列である.ただし,埋立廃棄等の最終状態 W から次の状態に推移することはないので,最終状態の行はすべて「0」とする.

$$\begin{aligned} a_{ij} &= x_{ij}/X_i \quad (i \notin W) \\ a_{ij} &= 0 \quad (i \in W) \end{aligned} \qquad 式(2.4.3)$$

$$A = [a_{ij}] \qquad 式(2.4.4)$$

4) ここで,状態 i から状態 j へ k 回で推移で遷移する確率 a_{ij}^k を成分とする k 回状態推移確率行列を $A(k)$ とすると,チャップマン-コルモゴロフの等式(Chapman-Kolmogorov equation)

$$\begin{aligned} a_{ij}^k &= \sum_{n=0}^{\infty} a_{in}^r \cdot a_{nj}^{(k-r)} \\ 0 &< r < k \end{aligned} \qquad 式(2.4.5)$$

と,
$$a_{ij}^1 = a_{ij} \qquad 式 (2.4.6)$$
から,
$$A(k) = A^k \qquad 式 (2.4.7)$$

すなわち, k 回の推移確率 a_{ij}^k は, 状態推移行列 A の k 乗の ij 成分 $[A^k]_{ij}$ となる.

したがって, ある状態 i が, k 回 ($k=0,1,2,\cdots\infty$) の推移を経て j に推移する確率 $P_{ij}(k)$ は,

$$P_{ij}(k) = [A^k]_{ij}, (i \notin W) \qquad 式 (2.4.8)$$

ただし, 最終状態に推移した後はその状態に留まるため, この場合 (j が W に属する場合) の $P_{ij}(k)$ は,

$$P_{ij}(k) = \left[\sum_{l}^{k} A^l\right]_{ij}, (i \in W) \qquad 式 (2.4.9)$$

となる.

5) 状態推移確率行列 A を用いて, その素材 (状態 s) が無限回の状態推移を経て最終状態 (廃棄等 W) に推移するまでに,「使用状態 u」に存在した確率の和を式 (2.4.10) により求める. これが, その素材が社会に投入されてから廃棄されるまでに状態 u で使用された (機能した) 量 N_{su} である.

$$\begin{aligned} N_{su} &= \lim_{n\to\infty} \sum_{k=0}^{n} P_{su}(k) \\ &= \left[\lim_{n\to\infty} \sum_{k=0}^{n} A^k\right]_{su} \end{aligned} \qquad 式 (2.4.10)$$

ここで,

$$\sum_{k=0}^{n} A^k = I + A + A^2 + A^3 + \cdots + A^m \qquad 式 (2.4.11)$$

の右辺に $(I-A)$ を乗じて展開すると, 以下の式が得られる. I は単位行

列である.

$$(I-A)(I+A+A^2+A^3+\cdots+A^m) = (I-A)+(I-A)A \\ +(I-A)A^2+\cdots+(I-A)A^m \\ = I-A^{m+1}$$

$$(I-A)^{-1}(I-A)(I+A+A^2+A^3+\cdots+A^m) = (I-A)^{-1}(I-A^{m+1})$$

$$I+A+A^2+A^3+\cdots+A^m = (I-A)^{-1}-(I-A)^{-1}A^{m+1}$$

式(2.4.12)

$(I-A)^{-1}$ は,$I-A$ の逆行列である.最終状態における推移確率を 0 としているので,右辺の A^{m+1} は 0 に収束するから,

$$I+A+A^2+A^3+\cdots+A^m = (I-A)^{-1} \qquad 式(2.4.13)$$

が成り立つ.左辺はすべて非負行列の積と和によって計算されるので,右辺も非負行列ある.したがって,

$$N_{su} = [(I-A)^{-1}]_{su} \qquad 式(2.4.14)$$

となる.ここで,使用状態 u の集合を U とすれば,その素材のライフサイクル機能量 N(kg/kg)は,次式で求められる.

$$N = \sum_{u \in U} N_{su} \qquad 式(2.4.15)$$

(3) 実践

では,上記のやり方に基づき,2.4.2で示したフロー図における素材のライフサイクル機能量 N(kg/kg)を求めてみよう.

図2.4.2(ケース1)の素材のフローは,表2.4.1のようにまとめることが

表2.4.1 ケース1の状態遷移表

	バージン材	製品A	スクラップ	埋立	合計
バージン材	0	200	0	0	200
製品A	0	0	800	200	1000
スクラップ	0	800	0	0	800
埋立	0	0	0	0	0

表 2.4.2　ケース 2 の状態遷移表

	バージン材	製品 A	スクラップ A	製品 B	スクラップ B	製品 C	埋立	合計
バージン材	0	1000	0	0	0	0	0	1000
製品 A	0	0	800	0	0	0	200	1000
スクラップ A	0	0	0	800	0	0	0	800
製品 B	0	0	0	0	600	0	200	800
スクラップ B	0	0	0	0	0	600	0	600
製品 C	0	0	0	0	0	0	600	600
埋立	0	0	0	0	0	0	0	0

表 2.4.3　ケース 3 の状態遷移表

	バージン材	製品 A	スクラップ	製品 B	埋立	合計
バージン材	0	300	0	0	0	300
製品 A	0	0	800	0	200	1000
スクラップ	0	700	0	200	0	900
製品 B	0	0	100	0	100	200
埋立	0	0	0	0	0	0

表 2.4.4　ケース 4 の状態遷移表

	バージン材	製品 A	スクラップ	製品 B	埋立	合計
バージン材	0	300	0	0	0	300
製品 A	0	0	800	0	100	900
スクラップ	0	700	0	200	0	900
製品 B	0	0	100	0	50	150
埋立	0	0	0	0	0	0

できる.

　天然資源から生産されたバージン材 200 t は，製品 A のみに使用される．製品 A には，合計素材が 1000 t 蓄積されているが，それらが廃棄される時には，800 t がスクラップとしてリサイクルされ，残りの 200 t が埋立処理される．リサイクルされた 800 t のスクラップは，全量，製品 A に使用される．埋立処理されたものは，その状態から推移することはないので，4 行目はすべて 0 となっている．

　同様に，図 2.4.4（ケース 2）の素材のフローは，表 2.4.2 のようにまとめることができる．

表 2.4.5 ケース 1 の遷移確率行列

	バージン材	製品 A	スクラップ	埋立
バージン材	0.00	1.00	0.00	0.00
製品 A	0.00	0.00	0.80	0.20
スクラップ	0.00	1.00	0.00	0.00
埋立	0.00	0.00	0.00	0.00

表 2.4.6 ケース 2 の遷移確率行列

	バージン材	製品 A	スクラップ A	製品 B	スクラップ B	製品 C	埋立
バージン材	0.00	1.00	0.00	0.00	0.00	0.00	0.00
製品 A	0.00	0.00	0.80	0.00	0.00	0.00	0.20
スクラップ A	0.00	0.00	0.00	1.00	0.00	0.00	0.00
製品 B	0.00	0.00	0.00	0.00	0.75	0.00	0.25
スクラップ B	0.00	0.00	0.00	0.00	0.00	1.00	0.00
製品 C	0.00	0.00	0.00	0.00	0.00	0.00	1.00
埋立	0.00	0.00	0.00	0.00	0.00	0.00	0.00

表 2.4.7 ケース 3 の遷移確率行列

	バージン材	製品 A	スクラップ	製品 B	埋立
バージン材	0.00	1.00	0.00	0.00	0.00
製品 A	0.00	0.00	0.80	0.00	0.20
スクラップ	0.00	0.78	0.00	0.22	0.00
製品 B	0.00	0.00	0.50	0.00	0.50
埋立	0.00	0.00	0.00	0.00	0.00

表 2.4.8 ケース 4 の遷移確率行列

	バージン材	製品 A	スクラップ	製品 B	埋立
バージン材	0.00	1.00	0.00	0.00	0.00
製品 A	0.00	0.00	0.89	0.00	0.11
スクラップ	0.00	0.78	0.00	0.22	0.00
製品 B	0.00	0.00	0.67	0.00	0.33
埋立	0.00	0.00	0.00	0.00	0.00

天然資源から生産されたバージン材 1000 t は，製品 A のみに使用される．製品 A に使用されていた素材 1000 t が廃棄される時には，800 t がスクラップとしてリサイクルされ，残りの 200 t が埋立処理される．リサイクルされた 800 t のスクラップは，全量，製品 B のみに使用される．製品 B に使用さ

表2.4.9 ケース1の $(I-A)^{-1}$

	バージン材	製品A	スクラップ	埋立
バージン材	1.00	5.00*	4.00	1.00
製品A	0.00	5.00	4.00	1.00
スクラップ	0.00	5.00	5.00	1.00
埋立	0.00	0.00	0.00	1.00

表2.4.10 ケース2の $(I-A)^{-1}$

	バージン材	製品A	スクラップA	製品B	スクラップB	製品C	埋立
バージン材	1.00	1.00*	0.80	0.80*	0.60	0.60*	1.00
製品A	0.00	1.00	0.80	0.80	0.60	0.60	1.00
スクラップA	0.00	0.00	1.00	1.00	0.75	0.75	1.00
製品B	0.00	0.00	0.00	1.00	0.75	0.75	1.00
スクラップB	0.00	0.00	0.00	0.00	1.00	1.00	1.00
製品C	0.00	0.00	0.00	0.00	0.00	1.00	1.00
埋立	0.00	0.00	0.00	0.00	0.00	0.00	1.00

表2.4.11 ケース3の $(I-A)^{-1}$

	バージン材	製品A	スクラップ	製品B	埋立
バージン材	1.00	3.33*	3.00	0.67*	1.00
製品A	0.00	3.33	3.00	0.67	1.00
スクラップ	0.00	2.92	3.75	0.83	1.00
製品B	0.00	1.46	1.88	1.42	1.00
埋立	0.00	0.00	0.00	0.00	1.00

表2.4.12 ケース4の $(I-A)^{-1}$

	バージン材	製品A	スクラップ	製品B	埋立
バージン材	1.00	5.31*	5.54	1.23*	1.00
製品A	0.00	5.31	5.54	1.23	1.00
スクラップ	0.00	4.85	6.23	1.38	1.00
製品B	0.00	3.23	4.15	1.92	1.00
埋立	0.00	0.00	0.00	0.00	1.00

れていた素材800tが廃棄される時には，600tがスクラップとしてリサイクルされ，残りの200tが埋立処理される．リサイクルされた600tのスクラップは，全量，製品Cのみに使用される．製品Bに使用されていた素材600tが廃棄される時には全量が埋立処理される．

同様に，図 2.4.5（ケース 3）および図 2.4.6（ケース 4）の素材のフローは，表 2.4.3，表 2.4.4 のように示すことができる．

各表の各行の和は，末尾列に「合計」として示している．表中の各要素と行和から，式（2.4.3）により算出される要素 a_{ij} を成分に持つ正方行列 A（遷移確率行列）を求めると，表 2.4.5-2.4.8 のようになる．

表 2.4.5-2.4.8 に示した遷移確率行列を用い，式（2.4.14）から $N_{su}(=(I-A)^{-1})$ を求めると，表 2.4.9-表 2.4.12 のようになる．

ここで，各表の 1 行目に注目いただきたい．そこでは，「バージン材」として社会に投入された素材が，その後，どのような状態に，どれだけの回数推移するかを示している．*を付けた個所が，製品に用いられた回数を示している．ケース 1 では，「バージン材」として社会に投入された素材が，製品 A に 5 回使用されることを示している．ケース 2 では，「バージン材」として社会に投入された素材が，製品 A に 1 回使用され，その後，製品 B に 0.8 回使用され，製品 C に 0.64 回使用されることを示している．つまり，「バージン材」として社会に投入された素材が，製品として合計 1＋0.8＋0.6＝2.4 回使用され，最終的には埋立処分されることを示している．同様に，ケース 3 では，「バージン材」として社会に投入された素材が製品中に合計 4 回使用され，ケース 4 では，合計 6.54 回使用されることを示している．

これが，素材がライフサイクルの間に社会において使用される（機能する）量「素材のライフサイクル機能量 N（kg/kg）」である．この N を用いれば，素材の 1 回の単位重量あたりの使用により誘発される環境負荷重量を，式（2.4.16）のように算出することができる．

$$LCI = \underbrace{\frac{1}{N}\cdot LCI_V}_{\text{バージン材製造の環境負荷原単位}} + \underbrace{\frac{N-1}{N}\cdot LCI_R}_{\text{リサイクル材製造の環境負荷原単位}} \qquad 式（2.4.16）$$

ここで，LCI は，素材の 1 回の単位重量使用あたりの環境負荷重量である．LCI_V および LCI_R は，それぞれバージン材の製造プロセスにおける環境負荷原単位，リサイクル材の製造プロセスにおける環境負荷原単位を示し，これ

らを素材のライフサイクル機能量 N により配分している．すなわち，バージン材の環境負荷は，ライフサイクル機能量で割って，各使用で按分する．リサイクル材の負荷は，N 分の $(N-1)$ 回分で按分する．$(N-1)$ というのは，バージン材の使用1回分を考慮しているということを意味する．

　これは，素材の使用重量あたりというだけではなく，マテリアルフローの全体像から導き出される「素材のライフサイクル機能量」を考慮した，新たな環境負荷の評価単位の提案である．この手法によれば，2.1で述べたような異なる製品間で行われるリサイクル（開ループリサイクル）であっても，素材の環境負荷誘発量を製品間で公平に配分することが可能となる．また，既存のLCA手法とそのために蓄積された情報を活用した上で，循環型社会の複雑なマテリアルフローにおいても，適切な環境負荷誘発量の評価を可能とするので，素材の環境負荷の評価手法として有意義なものであると考えられる．

参考文献

Ocaña-Riola R（2005）: Non-homogeneous Markov Processes for Biomedical Data Analisis, *Biometrical Journal*, 47(3), 369-376.
尾崎俊治（1996）：確率モデル入門，朝倉書店，第5章．
Pérez-Ocón R, Ruiz-Castro JE, Gámiz-Pérez ML（2001）: Non-homogeneous Markov models in the analysis of survival after breast cancer, *Journal of the Royal Statistical Society, Series C, Applied Statistics*, 50(1), 111-124.
酒井信介，泉　聡志（2004）：コンピュータ材料科学，森北出版，第4章．
シナジ RB，今野紀雄，林　俊一訳（2001）：マルコフ連鎖から格子確率モデルへ，シュプリンガー・フェアラーク東京．

2.5 素材リサイクルを最適化する――マテリアルピンチ解析

2.5.1 本節のねらい

アルミニウム等の金属材料は，用途に応じて様々な元素が添加され，多くは合金として用いられる．これらの合金のリサイクルを行う際には，用途に応じてリサイクル材の成分調整が不可欠となる．しかしながら，合金として製造する際に添加された元素，あるいは使用済み製品から回収する際に混入した元素のうち，除去することが困難な元素（トランプエレメント）の成分調整は，様々な成分濃度を持つ材料を適切に混合すること（希釈）によって行うことになるため，その材料のリサイクルは制限される．また，リサイクル時にトランプエレメントが混入するような場合には，リサイクルが繰り返されることによってトランプエレメントが濃化し，リサイクル材の使用が困難になる可能性が指摘されている（角舘ら，2000）．

本節では，複数のトランプエレメントを同時に扱う素材のリサイクルフロー最適化の手法としての，マテリアルピンチ解析手法を解説する．

2.5.2 解析手法

ピンチ解析とは，エネルギーや物質の需給バランスを量と質から解析する方法であり，プラントやコンビナートでの熱や水利用システムの最適化等に用いられている（巽・松田，2002；Jacob et al., 2002）．とくに，物質を対象にしたピンチ解析は，「マテリアルピンチ解析」と呼ばれている．筆者らは，このマテリアルピンチ解析を，社会で発生する鋼材やアルミニウム等の素材スクラップのリサイクルに適用し，スクラップ利用の最適化を検討してきた（松野ら，2005）．前述のように，スクラップのリサイクルでは，トランプエレメントの濃度が制約になり，スクラップの利用に制約が生じた場合は，バージン材などにより希釈し用いることになる．そのような系では，社会において発生するスクラップの量と質（トランプエレメント濃度）と，そのスクラップを用いて生産する材料の量と質を制約条件にして，線形計画法に基づき最適化を行うことに他ならない．

線形計画法は，一次不等式で表される制約条件の下で，目的関数の最大化

（あるいは最小化）を満たす最適解を見つける手法であり，様々な分野で応用されている（金谷，2005；Dantzig, 1963）．以下，解析手順を説明する．

(1) 目的関数と制約条件の設定

国内における素材のリサイクルフローの最適化に線形計画法を適用する場合，目的関数と制約条件は，以下のように定義することができる．
1) 目的関数：材料使用に関する環境負荷やコストの最小化
2) 制約条件：
　①「供給量」≧「需要側での材料使用量」
　②「生産量」≧「需要量」
　③「生産材のトランプエレメント濃度」≦「需要側材料のトランプエレメント許容濃度」
　④「生産材のトランプエレメント濃度」≧「需要側材料のトランプエレメント必要濃度」

(2) リサイクルフローのモデル化

ここでは，社会におけるスクラップの発生と，それを用いて生産する素材が，図 2.5.1 に示されるような場合を想定する．供給される材料（供給材）の種類は i 種あり，それらの供給材を混合して，j 種の生産材を製造する時の最適化条件を求める．また，解析にあたり，k 種のトランプエレメントを扱うものとする．

供給材の供給量は s_i，生産材 j の需要量は d_j であるとする．供給材 i のトランプエレメントの成分濃度は e_{ki}，需要側のトランプエレメント濃度の許容範囲（図 2.5.1 の場合では上限値 u_{kj}）であるとする．

(3) 目的関数の定式化

s_i は供給材 i の供給量，d_j は生産材 j の需要量，c は供給あるいは消費 1 単位毎に必要な負担を表す定数とすると，目的関数 $f(s_i, d_j)$ を式（2.5.1）のように表すことができる．

最適化の目的をコスト最小とする場合は，c に供給，消費に要するコスト

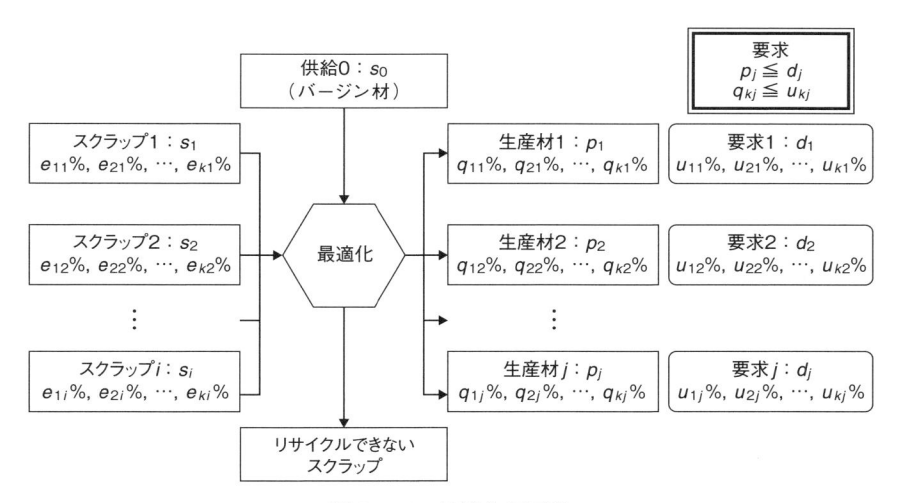

図 2.5.1 最適化モデル

を，環境負荷誘発量の最小化を目的とする場合は，それぞれに要する環境負荷誘発量を設定する．

$$f(s_i, d_j) = \sum_{i=0}^{m} c_i s_i + \sum_{j=0}^{n} c_j d_j \qquad 式（2.5.1）$$

(4) 制約条件の定式化

以下に，素材リサイクルの最適化を検討する際に必要な，最低限の制約条件を提示する．このほかにも，素材の特徴や，リサイクル環境に応じて，様々な制約条件を設定することが可能である．

1)「供給量」≧「需要側での材料使用量」

需要量以上の供給量が確保されるように条件を設定する．

$$\sum_{i=0}^{m} s_i \geq \sum_{j=0}^{n} d_j \qquad 式（2.5.2）$$

2)「生産量」≧「需要量」

生産材 j は，供給材の混合により生産される．ここで p_j は，生産材の生産量であり，混合した供給材の和に等しい．需要量を上回る生産量が必要とな

るので，式（2.5.3）の制約条件が設定される．

$$p_j \geq d_j \qquad 式（2.5.3）$$

3)「生産材のトランプエレメント濃度」≦「需要側材料のトランプエレメント許容濃度」

供給材 i から生産材 j に配分する比率を r_{ij} とした時，式（2.5.4）で示される生産材 j のトランプエレメント k の濃度 q_{kj} は，需要 j のトランプエレメント k の許容濃度 u_{kj} 以下でなければならない．したがって，式（2.5.5）の条件式が設定できる．

$$q_{kj} = \sum_i (e_{ki} \cdot s_i \cdot r_{ij}) \Big/ \sum_i (s_i \cdot r_{ij}) \qquad 式（2.5.4）$$

$$q_{kj} \leq u_{kj} \qquad 式（2.5.5）$$

4)「生産材のトランプエレメント濃度」≧「需要側材料のトランプエレメント必要濃度」

生産材 j のトランプエレメント k の濃度 q_{kj} は，需要 j のトランプエレメント必要濃度許容濃度 l_{kj} 以上でなければならない．したがって，制約条件式は式（2.5.6）となる．ただし，希釈に用いられるバージン材投入量の最小化が目的である場合，こうした濃度下限値を制約条件にする必要はない．

$$q_{kj} \geq l_{kj} \qquad 式（2.5.6）$$

5) 線形計画法の計算方法

制約条件を表す連立一次不等式を満たす目的関数の最適解を求める問題は，「線形計画」と呼ばれ，図解法やシンプレックス法で解くことができる．また，制約条件の設定を行えば最適解を算出できる，線形計画法を解くためのソフトウェアも市販されている（巽・松田，2002）．

2.5.3 マテリアルピンチ解析の適用

それでは，バージン材を含む4つの供給材と3つの製品からなる仮想モデルに線形計画法を適用してみよう．この例では，希釈に用いられるバージン

材の使用量削減を目的とする.

(1) 目的関数

目的関数は，バージン材の供給量の最小化のみを考慮するように設定した（式（2.5.7））．ここで，s_0 はバージン材供給量である．

$$f(s_0) = s_0 \qquad 式（2.5.7）$$

(2) 供給材の条件

考慮するトランプエレメントが1つ（α）の場合（ケース1），2つ（α, β）の場合（ケース2），および3つ（α, β, γ）の場合（ケース3）のそれぞれにおいて，最適化条件を求めた．バージン材以外の供給材（スクラップA，スクラ

表 2.5.1　仮想モデルにおける供給材のトランプエレメント濃度

	スクラップA	スクラップB	スクラップC
ケース1	α：1.0%	α：2.0%	α：4.0%
ケース2	α：1.0% β：5.0%	α：2.0% β：2.0%	α：4.0% β：2.0%
ケース3	α：1.0% β：5.0% γ：3.0%	α：2.0% β：2.0% γ：4.0%	α：4.0% β：2.0% γ：3.0%

表 2.5.2　仮想モデルにおける生産材のトランプエレメント許容濃度

	生産材A	生産材B	生産材C
ケース1	α：0.5%	α：1.5%	α：3.0%
ケース2	α：0.5% β：4.0%	α：1.5% β：2.0%	α：3.0% β：1.0%
ケース3	α：0.5% β：4.0% γ：2.0%	α：1.5% β：2.0% γ：2.0%	α：3.0% β：1.0% γ：0.5%

```
                    ┌─────────────┐
                    │  バージン材  │
                    │    50.0t    │
                    └──────┬──────┘
                           │
┌─────────────┐            ▼            ┌─────────────┐
│スクラップA：100t│                        │ 生産材A：100t │
│  α：1.0%    │──┐                    ┌─│   α：0.5%   │
└─────────────┘  │                    │  └─────────────┘
                 │    ┌─────────┐     │
┌─────────────┐  │    │         │     │  ┌─────────────┐
│スクラップB：100t│──┼──▶│  最適化  │──┼─│ 生産材B：100t │
│  α：2.0%    │  │    │         │     │  │   α：1.5%   │
└─────────────┘  │    └────┬────┘     │  └─────────────┘
                 │         │          │
┌─────────────┐  │         │          │  ┌─────────────┐
│スクラップC：100t│──┘         │          └─│ 生産材C：100t │
│  α：4.0%    │             │             │   α：3.0%   │
└─────────────┘             ▼             └─────────────┘
                    ┌──────────────┐
                    │リサイクルできないスクラップ│
                    │     50.0t    │
                    └──────────────┘
```

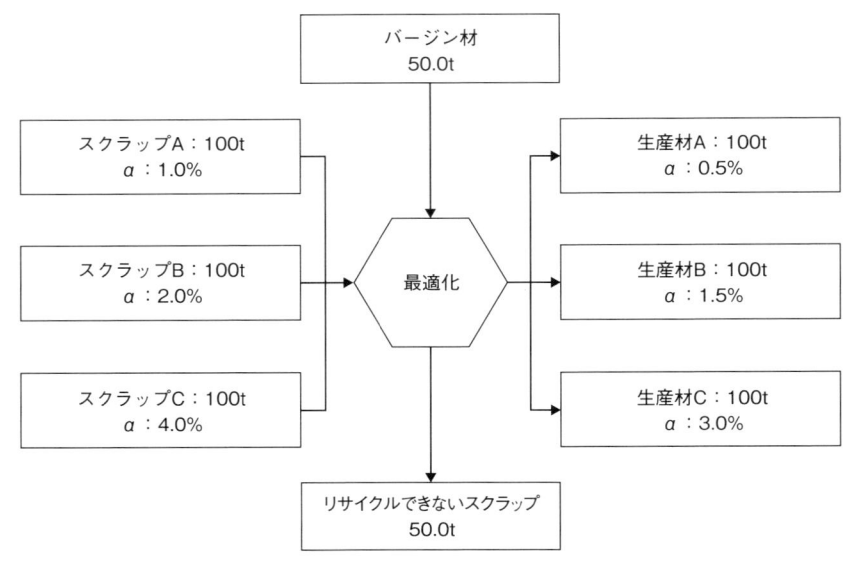

図 2.5.2　仮想モデル（ケース 1）

ップ B，スクラップ C）の供給量はいずれも 100 t とした．それぞれのトランプエレメント濃度を表 2.5.1 に示す．

(3)　生産材の条件

希釈に用いられるバージン材の使用量削減を目的とするので，生産材のトランプエレメント許容濃度は，上限値のみ設定する（表 2.5.2）．

(4)　解析結果（トランプエレメントが 1 つの場合）

ケース 1 における最適化の結果を図 2.5.2 に示す．解析の対象としたトランプエレメントは，α 1 つである．

図の左に供給材の供給量とトランプエレメント濃度を，図の右に生産材の生産量とトランプエレメント濃度を示している．図の上にはバージン材の供給量，図の下にリサイクルできない供給材の量を示している．ケース 1 の条件では，少なくとも 50 t のバージン材の供給が必要であり，リサイクルでき

表 2.5.3 仮想モデル最適化結果（ケース1）

供給＼需要	製品 A	製品 B	製品 C	リサイクルできないスクラップ	合計
スクラップ A	50.0	50.0	0.0	0.0	100.0
スクラップ B	0.0	50.0	50.0	0.0	100.0
スクラップ C	0.0	0.0	50.0	50.0	100.0
バージン材	50.0	0.0	0.0	0.0	50.0
合計	100.0	100.0	100.0	50.0	

ない供給材も同量発生することが示されている．

この時の供給材の配分を表2.5.3に示す．スクラップAは，生産材Aに50 t，生産材Bに50 t供給される．スクラップBは生産材BとCにそれぞれ50 t供給されている．スクラップCは，生産材Cに50 t供給しているが，残りの50 tは，トランプエレメントの許容濃度の条件から，生産材で使用されていない．また，バージン材は生産材A向けに供給され，スクラップA

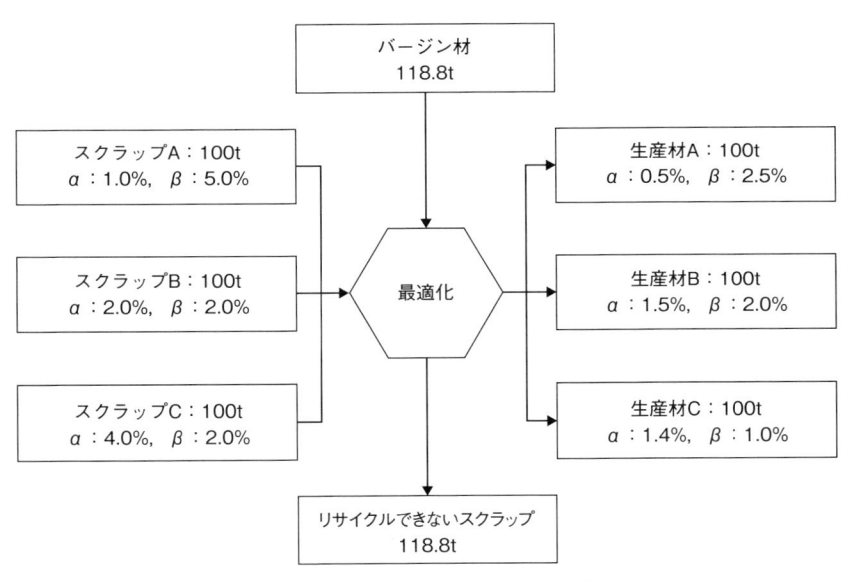

図 2.5.3 仮想モデル（ケース2）

バージン材 118.8t

スクラップA：100t
α：1.0%，β：5.0%

スクラップB：100t
α：2.0%，β：2.0%

スクラップC：100t
α：4.0%，β：2.0%

最適化

生産材A：100t
α：0.5%，β：2.5%

生産材B：100t
α：1.5%，β：2.0%

生産材C：100t
α：1.4%，β：1.0%

リサイクルできないスクラップ 118.8t

表 2.5.4 仮想モデル最適化結果（ケース 2）

供給＼需要	製品 A	製品 B	製品 C	リサイクルできないスクラップ	合計
スクラップ A	50.0	12.5	0.0	37.5	100.0
スクラップ B	0.0	68.8	31.3	0.0	100.0
スクラップ C	0.0	0.0	18.8	81.3	100.0
バージン材	50.0	18.8	50.0	0.0	118.8
合計	100.0	100.0	100.0	118.8	

を希釈している．

(5) 解析結果（トランプエレメントが 2 つある場合）

　考慮するトランプエレメントが，α, β 2 つの場合（ケース 2）の解析結果を図 2.5.3 に示す．なお，トランプエレメント α に関する条件（供給材におけるトランプエレメント濃度，生産材におけるトランプエレメント許容濃度）

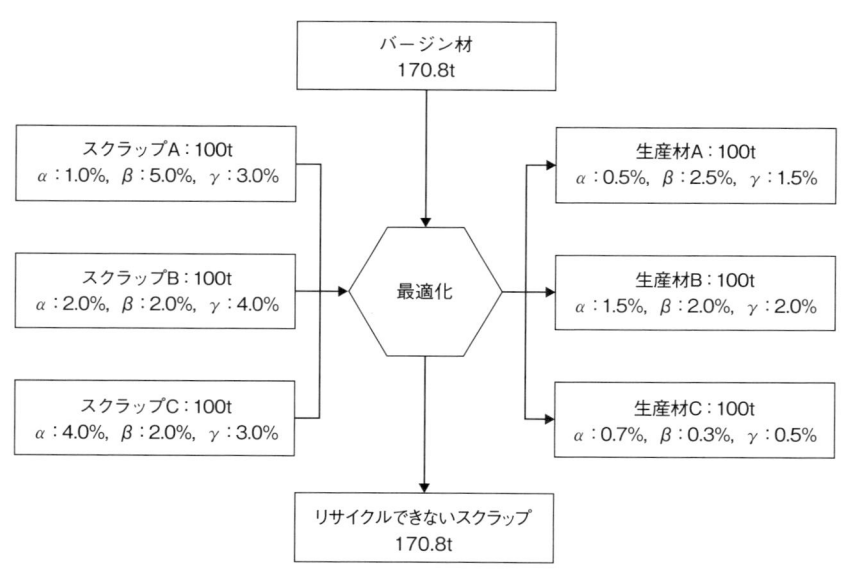

図 2.5.4　仮想モデル（ケース 3）

表 2.5.5 仮想モデル最適化結果（ケース 3）

供給＼需要	製品 A	製品 B	製品 C	リサイクルできないスクラップ	合計
スクラップ A	50.0	25.0	0.0	25.0	100.0
スクラップ B	0.0	12.5	0.0	87.5	100.0
スクラップ C	0.0	25.0	16.7	58.3	100.0
バージン材	50.0	37.5	83.3	0.0	170.8
合計	100.0	100.0	100.0	170.8	

は，ケース 1 と同じである．バージン材の必要供給量は，118.8 t となった．

供給材の配分状況（表 2.5.4）は，供給材（スクラップ）A における β の濃度 5% が制約となり，生産材 B におけるスクラップ A 使用量が，ケース 1 に比べ減少していることがわかる．このため，スクラップ A は，37.5 t がリサイクルされずに残ることになる．スクラップ B は，生産材 B，C ですべて使用されるが，スクラップ C については，生産材 C での使用量がケース 1 に比べ減少し，リサイクルできない量が 81.3 t に増大する．結果として，リサイクルできないスクラップの量は 118.8 t まで増大する．

(6) 解析結果（トランプエレメントが 3 つある場合）

考慮するトランプエレメントが，α, β, γ 3 つの場合（ケース 3）の解析結果を図 2.5.4 に示す．なお，トランプエレメント α, β の条件（供給材におけるトランプエレメント濃度，生産材におけるトランプエレメント許容濃度）は，ケース 2 と同じである．バージン材の必要供給量は，170.8 t まで増大した．

ただし，配分状況（表 2.5.5）は，スクラップの使用量が一律に減少しているわけではない．スクラップ A と C の使用量は，ケース 2 に比べ増大している．

このように，スクラップ中のトランプエレメント濃度および生産材のトランプエレメント許容濃度を考慮し，線形計画法を用いて最適化を行うことにより，バージン材の最低投入量およびスクラップの最大利用可能量を求めることができる．

参考文献

Dantzig GB (1963): Linear programming and extensions, Princeton University Press.

Jacob J, Kaipe H, Couderc F, Paris J (2002): Water Network Analysis in Pulp and Paper Processes by Pinch and Linear Programming Techniques, *Chemical Engineering Communications*, 189(2), 184-206.

角舘慶治, 足立芳寛, 鈴木俊夫 (2000): 銅を制約要因とした循環型社会における鉄スクラップリサイクル定量化マクロモデル, 鉄と鋼, 86(12), 837-843.

金谷健一 (2005): これなら分かる最適化数学—基礎原理から計算手法まで—, 共立出版, 159 pp.

軽金属学会 (2005): アルミニウムの完全リサイクルシステム構築に向けて.

松野泰也, 醍醐市朗, 足立芳寛 (2005): 循環型社会におけるライフサイクルアセスメント—ポピュレーションバランスモデル, ピンチ解析, LCA を統合化した評価ツール「SILT」の開発—, 鉄と鋼, 91(1), 127-134.

巽 浩之, 松田一夫 (2002): ピンチテクノロジー, (財)省エネルギーセンター.

2.6 製品の解体しやすさをはかる――製品解体性評価ツール

2.6.1 本節のねらい

多くの製品は，複数の素材によって構成されており，それらはネジ，はめ込み，溶接，圧着，接着剤などにより接合されている．製品の機能を発現するために必要な接合は，製品が使用済みとなった後，処理される時には，分離・解体性に大きく影響を与える．著者らのこれまでのマテリアルフロー分析の成果から，主要な金属は使用済製品から素材として回収されているものの，他素材の混入や，異なる合金種の混在によりカスケードリサイクルされている実態が明らかになっている．これは，とくに機械破砕ならびに機械分離により分離・解体する場合，使用済みの製品から，完全に単一素材を分離することが困難なことが主要な要因であると考えられる．

現在，自動車，家電などのいくつかの製品では，拡大生産者責任（Extended Producer Responsibility: EPR）に則ったリサイクル法によりリサイクルが義務づけられており，消費者が購入時や廃棄時にリサイクル費用を負担している．製造メーカーにすれば，リサイクル費用の安価な製品を製造することにより，法定のリサイクル費用を引き下げることができれば，消費者の出費を削減できるため，競合製品に対して価格面で優位となると考えられる．つまりEPRの概念に則れば分離・解体性のよい製品の製造にインセンティブが働く．現在自動車や家電のメーカーは，分離・解体性を向上させるために，易解体設計（Design for Disassembly: DfD）を進めてきている．例えば，隠しネジの位置表示，材質表示，一体成形化，材質の統一化，製品構造の一部開示など，枚挙に暇がない．これら各取組みは，解体性の向上に貢献していることは疑いないが，果たしてそれらの解体性への貢献度（効果量）を定量的に評価できるだろうか．本節でねらいとするものは，製品の構造とその分離・解体性の定量的な評価である．

2.6.2 ツールの発展

(1) 現在のリサイクルプロセスの概要

本節では，主に廃電気電子機器（Waste Electric and Electronic Equipment: WEEE）の分離・解体性の評価を想定し，現在主流なそれら製品のリサイクルプロセスを2つ考慮する．一方は手解体であり，他方は機械分離である．

手解体作業は，人件費として処理時間あたりの費用がかかる代わりに，精緻な分離・解体が期待できる．手解体とは，文字通り人手によってネジなどの接合を外すことで解体し，使用済み製品から，部品や素材を取り出すプロセスである．手解体は，機械破砕に先立って行われ，大きな部品や素材，高付加価値な部品や素材，機械破砕に適合しない部品などを取外すのが一般的である．

機械分離は，機械破砕（シュレッダ）ならびに機械選別からなり，処理量あたりのプロセス費用が抑えられるかわりに，分離・解体性の面では手解体に劣る．機械破砕とは，大きなハンマーで製品を叩き割るプロセスであり，プロセスを経ることで粉砕粒を得ることができる．粉砕粒の大きさにバラツキ（分布）はあるものの，投入物に応じて，素材の単体分離の可能な粒度になるようプロセスを設計している．機械選別とは，磁力選別，比重選別，渦電流選別，静電選別，浮遊選別などの選別プロセスの組合せにより成り立っており，機械破砕プロセスの後に続けて設置され，機械によって破砕された粒を選別するのが一般的である．なお，機械による組立と大きく異なる点は，組立産業においてはまったく同じものを1つのラインで生産できるのに対し，リサイクルプロセスにおいては異なる種々のメーカーの種々のサイズの製品が処理され，一元的な解体プロセスを設定できない点にある．

そのため，現在のリサイクルプロセスにおいては，高コストで緻密な手解体と低コストで分離能の粗い機械分離の間でトレードオフが生じており，解体を実施している各社では，最適なプロセスを模索している．理想的には，これは設計の段階で予め想定されるべきものであって，分離・解体プロセスも見込んだ設計が望まれるが，見込むための評価ツールがないのが課題であった．本節で紹介する評価ツールは，その課題解決への端緒となることを期

待している．

(2) 今までの研究事例

使用済み耐久消費財の分離，解体に関する既往の研究の歴史は比較的浅く，1990年代初頭のSubramani & Dewhurst（1991）による研究が最初とされている（Moore et al., 2001）．使用済み製品の分離，解体に関する研究は，大きく分けて手解体に関する研究と機械分離や機械破砕に関する研究がある．

手解体プロセスに関する研究は，組立プロセスのための手法を基礎として発展してきた．既存研究には，コスト最適な手解体手順の導出モデル（例えば，Lambert, 2007）や，環境性と経済性の両立する最適な手解体手順の導出モデル（Hula et al., 2003）や，手解体にかかる時間とリサイクル率との関係を評価するツールの開発事例（Fujisaki et al., 2006）がある．

一方，機械分離や機械破砕（シュレッダ）に関する研究は，鉱石の単体分離プロセスのための手法を基礎として発展してきた．van Schaikら（2004），Castroら（2004），Reuterら（2005），は，機械破砕による粉砕粒の粒度（particle size）や部品間の接合形態による区分で，機械破砕と機械選別による素材の単体分離度（liberation）の違いを明らかにしている．Zhang and Forssberg（1999）は，破砕物の粒径による分離度の違いから電子機器スクラップの分離に適したシステムを提案した．さらに，Gutowskiらはベイジアンモデルを用いた機械選別による素材分離モデル（Gutowski et al., 2007）を提案した．

製品の易解体設計へのフィードバックが可能な研究（Lambert 2007; Hula et al., 2003）は，主に手解体プロセスを評価している．しかし，実際の廃家電や廃自動車は機械破砕工程を経て解体・分離されており，機械分離も含めた評価が望まれる．一方，既存のいくつかの機械破砕による分離・解体性の評価を試みた研究では，分離・解体プロセスの最適化を目指した手法となっており，製品の易解体設計へのフィードバックという視点に欠けている．そこで，分離・解体プロセスすべてを包含し，製品の易解体設計への示唆を抽出できる評価モデルの構築が望まれる．

(3) 製品解体性評価ツール

1) 評価ツールの概要

本節で説明する評価ツールでは，製品の情報を部品と部品間の接合に関する情報として抽出することで，製品の最適な解体プロセスを導出し，製品の分離・解体性と部品や部品間の接合との関連について定量的に評価する．図2.6.1に評価ツールの概念図を示す．評価に際しては，使用済み製品の現状における主な処理プロセスである手解体と機械破砕・分離（シュレッダ）の両方を考慮する．また，分離・解体後のリサイクルならびにリサイクルに供されなかったものの埋立についても考慮する．ツールへの入力情報として必要なものは，製品の構造，各部品の素材などの製品に関する情報と，回収物の価値と環境負荷回避効果，人件費，機械破砕の費用と環境負荷誘発量，最終処分の費用と環境負荷誘発量などの社会的な情報である．評価ツールによる解析から得られる出力として，経済最適あるいは環境最適な手解体と機械破砕・分離による組み合わせ手順を導くことができる．

評価ツールによって製品の解体性が定量的に評価できることにより，解体性を向上させるための設計改善に取組むことが可能となる．この試行を何度も繰り返すことで，製品設計の易解体性の向上につながるものと考えている．ここで，最適化の尺度は，環境性と経済性の2つを別々に考慮しているが，実際の市場においては，経済最適なプロセスが行われているものと考えられ

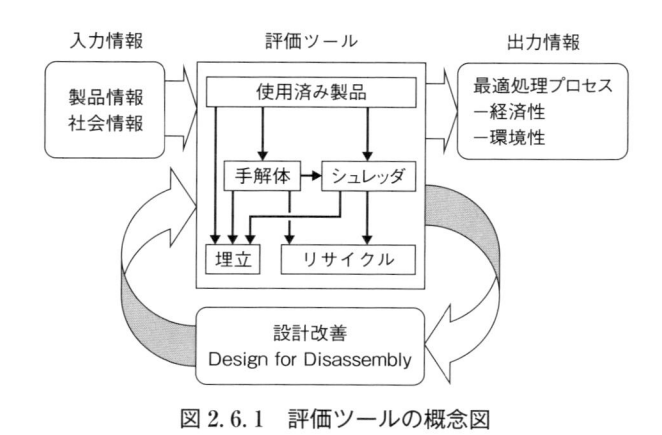

図2.6.1 評価ツールの概念図

る．そのため，設計変更によって生じる経済最適なプロセスの変化を分析することで，易解体性の向上を評価できる．さらに，その経済最適なプロセスの変化によって，環境負荷がどのように改善されるかを導出することができる．

なお，評価ツールは，大きく3つの部分から構成されている．それぞれについては以下で詳述するが，3つとは，製品構造のモデル化，解体手順の列挙，最適手順の探索である．

2) 最適化の目的関数

初めに，最適化を行うための目的関数を設定する必要がある．目的関数は，以下のように経済最適と環境最適を設定した．評価対象として，手解体，機械破砕・分離，リサイクル，埋立の大きく分けて4つの異なるプロセスを考慮したことから，目的関数にもそれぞれのプロセスの経済性あるいは環境性が反映されている．経済性，環境性の目的関数ともに，第1項が回収物の売却による収益あるいはリサイクル原料の回収による環境負荷回避効果，第2項が手解体にかかるコストと環境負荷誘発量，第3項が機械破砕・分離にかかるコストと環境負荷誘発量，第4項が最終処分にかかるコストと環境負荷誘発量である．各項は，下に記される式によって説明される値である．また，最適化にあたっての制約条件は，「解体可能な手順であること」である．

目的関数（最大化）：

（経済性）$V^{recover} - C^{disassemble} - C^{shred} - C^{landfill}$

（環境性）$E^{recover} - E^{disassemble} - E^{shred} - E^{landfill}$

$$V^{recover} = \sum_i \Delta V_i^{recover} \times (w_i^{disassemble} + w_i^{shred} \times R_i)$$

$$C^{disassemble} = \Delta C^{disassemble} \times t$$

$$C^{shred} = \Delta C^{shred} \times \sum_i w_i^{shred}$$

$$C^{landfill} = \Delta C^{landfill} \times \sum_i w_i^{shred} \times (1 - R_i)$$

$$E^{recover} = \sum_i \Delta E_i^{avoid} \times (w_i^{disassemble} + w_i^{shred} \times R_i)$$

$$E^{disassemble} = \Delta E^{disassemble} \times t$$

$$E^{shred} = \Delta E^{shred} \times \sum_i w_i^{shred}$$

$$E^{landfill} = \Delta E^{landfill} \times \sum_i w_i^{shred} \times (1 - R_i)$$

制約条件：
　解体可能な手順であること

変数
- $w_i^{disassemble}$：手解体によって回収される素材 i の重量
- w_i^{shred}：機械破砕される素材 i の重量
- t：手解体に要する時間

定数
- $\Delta V_i^{recover}$：素材 i の単位重量あたりの売却時の利益
- $\Delta C^{disassemble}$：単位時間あたりの手解体に要するコスト
- ΔC^{shred}：単位重量あたりの機械破砕・選別に要するコスト
- $\Delta C^{landfill}$：単位重量あたりの埋立処理コスト
- ΔE_i^{avoid}：素材 i 単位重量あたりのリサイクルによる環境負荷回避効果量
- $\Delta E^{disassemble}$：単位時間あたりの手解体による環境負荷誘発量
- ΔE^{shred}：単位重量あたりの機械破砕・選別による環境負荷誘発量
- $\Delta E^{landfill}$：単位重量あたりの埋立処理による環境負荷誘発量
- R_i：素材 i の機械破砕投入量に対する素材単体分離率

3）製品構造のモデル化

　本研究で対象としている製品の解体モデルにおいて，とくに手解体プロセスでは，製品の中の部品間の接合が重要な情報となる．部品の接合情報を表す方法は，組立や解体のプロセスを検討する際に開発されてきており，J-Pマトリックス（joint-part matrix：接合－部品マトリックス）(Li et al., 1995) や接続グラフ（liaison graph, connection graph, connected diagram）（例えば，De Fazio & Whitney, 1987）による表現がある．

　ここでの接合情報の数値化には，後で必要な2つの要素を考慮しなければならない．1つは，接合を解除する（解体する）ために必要なコストや環境負荷の定量化ができなければならないことである．もう1つは，解体順序の制約である．例えば，図2.6.2のような構造の製品 α を考えると，台（F）の上に蓋（B）が覆いかぶさっているため，最初に部品CやDに触ることはできない．このように可能な解体手順には順序の制約があり，解体モデルにおいて本制約を考慮することは重要である．これら2つの要素が，製品解体を対

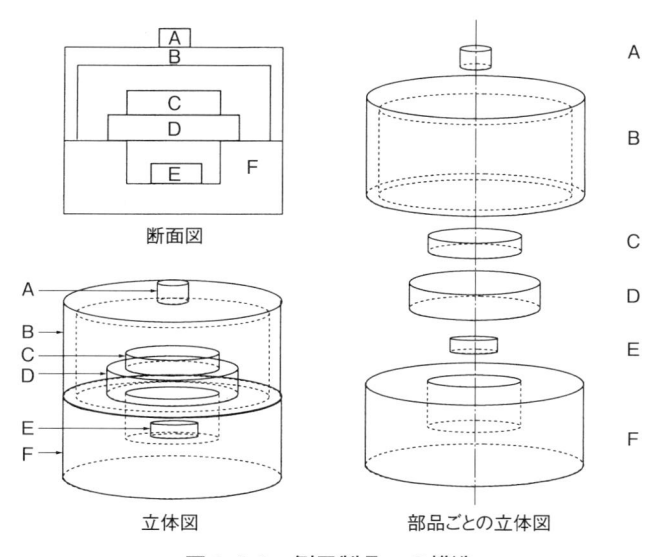

図 2.6.2 例示製品 α の構造

象とする際に課題となる主要な要因であり，過去の研究においても，接合情報の数値化において工夫されているものも多い．前者の分解コストに関しては 2.6.2 (3) 3) の後段から 4) にかけて，後者の解体手順制約に関しては 2.6.2 (3) 5) において，詳述することとする．ここで，先の図 2.6.2 のような構造の製品 α を例に，接続グラフとその表形式での表現を図 2.6.3 と表 2.6.1 にそれぞれ示す．ここで，接している部品は，接着，咬み込み，ビス止めなどの方法により接合しているものとするが，単純化のために接合にかかる部品は表示していない．また，同製品の J–P マトリックスを表 2.6.2 に示す．ここで，J–P マトリックスの行項目（接合／解体作業）番号は，図 2.6.3 中の番号に対応している．

接続グラフは，単体部品をノードとし，接合のある単体部品間をエッジでつなぐことで，単体部品間の接合を表すグラフである．その際，接合のためのボルトなどの部品を単体部品として扱い接合を区分して表現する方法（De Fazio & Whitney, 1987）や，接合を解除するために工具が必要な接合を区別して表現する方法（Hula et al., 2003）が検討されてきた．先述の手解体順序の制

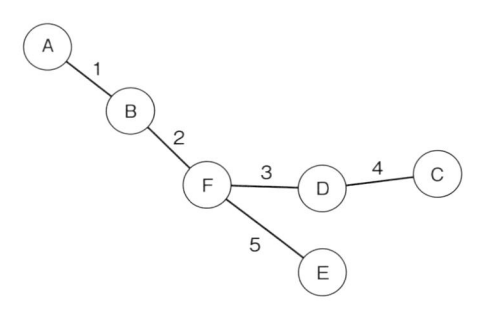

図 2.6.3　例示製品 α の接続グラフ

図中の数値は J-P マトリックスにおける解体作業番号を表す.

表 2.6.1　表形式で表現された例示製品 α の接続グラフ

	A	B	C	D	E	F
A	0	1	0	0	0	0
B	1	0	0	0	0	1
C	0	0	0	1	0	0
D	0	0	1	0	0	1
E	0	0	0	0	0	1
F	0	1	0	1	1	0

表 2.6.2　例示製品 α の J-P マトリックス

	A	B	C	D	E	F	制約条件	解体時間 [秒]*
1	1	1	0	0	0	0		10
2	0	1	0	0	0	1		6
3	0	0	0	1	0	1	2	12
4	0	0	1	1	0	0	2	20
5	0	0	0	0	1	1	3	6

*解体時間は想定値である.

約について，接続グラフでは部品間の接合は情報化できるが，この手解体順序の制約に関する情報は，別途整備する必要がある．J-P マトリックスは，手解体作業（接合）を行項目に，列項目に単体部品をとり，各解体作業に関わる単体部品を表すことができる．1 つの解体作業に 3 つ以上の単体部品が

関わる場合，その単体部品間の接合が，3つが相互に接合している場合と，1つをハブとして接合している場合を区別することができず，その点で接続グラフに比べると情報量が少ない．しかし，手解体作業を考える上で，1つの解体プロセスによって必ず同時に関与する部品を区別する必要はなく，本研究の目的に対し，この捨象された情報は影響を与えない．J-Pマトリックスの特長は，手解体の手順制約を容易に表現できる点である．各解体作業が行項目として特定されているため，各解体作業を行う前にすでに行われていなければならない解体作業の情報を，各行に格納することができる．

この他にも，Subramani & Dewhurst（1991）によって提案された相関モデル（relation model）がある．相関モデルでは，例えばボルトとワッシャの接合を，円筒接触と平面接触に区別して表現する．前者の接触は，ワッシャにボルトが貫通しているため得られ，後者の接触は，ボルトをナットで締めることで得られる．このように，1つの接合であっても要素に区分する点で詳細な表現方法である．接続グラフのエッジ（接続）の情報を細分化したグラフといえよう．接合情報から手解体作業にかかる時間やコストを導出するためには，このような詳細な接合情報は有用である．

4）製品情報の入力

本節で説明するモデルでは，J-Pマトリックスによる表現を採用し，製品を実際に分解することによって製品の構造情報を得て，接合の分離にかかる時間をストップウォッチによって実測する方法とした．構造情報の入力には，CADなどの設計情報からの機械によるデータ読み替えも考えられる（Lambert, 2002）．また，接合の分離にかかる時間やコストの情報は，MOST（Maynard Operation Sequence Technique）（Zandin, 1990）やWF（work factor）法（藤田, 1969）によって整備することもできる．また，入力されるこれら製品の情報は，製品の構造により一意に決定されるのが望ましいが，実際には，接合の分離性（分離に要した時間）の情報だけは，作業のしやすさや前の作業とのつながりの点で解体の順番に依存する可能性がある．さらに，実測する場合には解体する人に依存する．前者の要因について，Lambertらは想定値を外生的に与えているものの，解体の順番に依存した分解に要するコストの違いも考慮したモデルとしている．後者の要因については，

先に記した MOST や WF 法が有用である．

以下に，本モデルにおいて採用した方法を詳述する．
i ）任意の分解手順で製品を分解する．
ii ）分解に際しては，最小単位の接合を分離する毎に以下のデータを取得する．
　・接合の分離性（解体時間）
　・当該接合に関与したすべての最小単位部品
　・それら最小単位部品の素材と質量
　・当該接合を分離するのに先立って分離されていなければならない接合の情報（解体順序の制約）
iii）ii ）を1回行うごとに J–P マトリックスの1行として記述する．
iv）ii ），iii）を繰り返し，すべての部品が最小単位部品となると終了する．

5）解体手順の列挙

本評価ツールの目的とする最適な解体プロセスの導出とは，多数の可能な解体プロセスのうち，最適なプロセスを選び出すことである．しかし，製品データを入力した段階では，各接合に関する情報しかなく，それが一連のプロセスとして互いにつながっていない．そこで，得た情報から，可能なすべての解体手順を列挙することとする．ここでは，単体部品や解体途中の集合部品を総称して部品（subassembly）と呼ぶこととし，部品をノード（節点）に，解体プロセスをエッジ（辺）に持つグラフを描くことで，可能なすべての解体手順を列挙する．

1つ接合を分離すると，分解前の1つの部品が複数の部品（subassembly）に分解されるため，分解前の部品のノードから分解後の複数の部品のノードへ，エッジが同時につながれなければならない．これら同一解体プロセスによる複数のエッジは，どちらか一方が独立して起こり得ない事象であり，常に AND（かつ）の関係でなければならない．このようなエッジ間の関係を AND 節点と表現する．一方で，同じ部品を分解するにも，解体可能な複数のプロセスが存在することも多い．実際には，同じ部品は一度しか解体できないため，これら並列な複数の解体プロセスは，いずれか1つのみ実行される事象であり，OR（または）の関係にあるといえる．このようなエッジの関

係をOR節点と表現する．製品の分離・解体プロセスでは，このようなAND節点を有し，かつOR節点も有するAND/ORグラフ（AND/OR graph）が描かれる．このグラフは，解体の進む方向に向きを持った有向グラフであり，その向きに逆らってプロセスを進めることはできない．また，各部品を構成する単体部品の数により，階層構造を取り，接合の分離により必ず下の階層の部品へと分離されなければならない．なお，AND/ORグラフによる製品構造の表現は，最初製品の組立計画のために用いられた（Homem de Mello & Sanderson, 1990）．AND/ORグラフの他にも，同様の情報を持つグラフとして，Baldwinら（1991）の用いた状態ダイアグラム（state diagram）がある．状態ダイアグラムは，組立あるいは分解の途中における製品に含まれる全部品の状態を1つ1つのノードに持ち，組立あるいは分解に伴う状態の遷移を有向グラフで表すものである．

ここで，図2.6.2で示した製品αからAND/ORグラフを作成してみよう．表2.6.2の製品αのJ–Pマトリックスを参照するとわかりやすい．まず，製品は部品で表すと［ABCDEF］という6つの単体部品の集合となり，図2.6.4では中央上部に記されている．次に，解体できるものを探す．図2.6.2を見て構造から探しても良いが，すでに情報としてJ–Pマトリックスの制約条件欄に記されている．ここでは制約条件に何も記されていない解体プロセスが実行可能である．解体プロセス番号1と2であり，それぞれを実行すると，

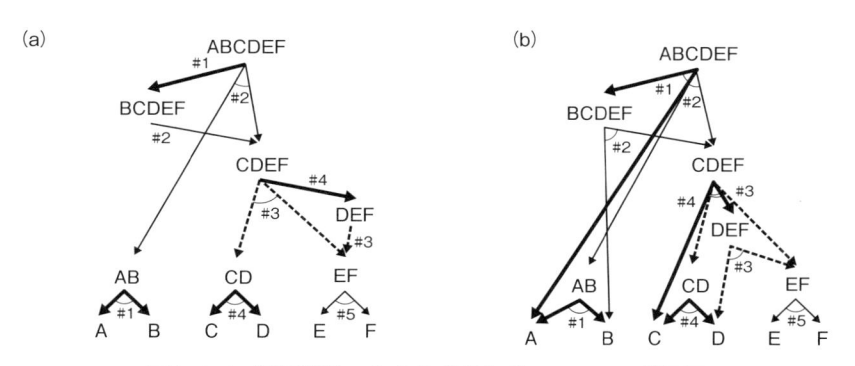

図 2.6.4　例示製品αから作成されるAND/ORグラフ
(a) 簡素化グラフ，(b) 完全グラフ．

［A］と［BCDEF］,［AB］と［CDEF］に分解される．そこで，解体プロセス番号1について，［ABCDEF］から［BCDEF］へ＃1と記した矢印を結んだ．ここで，単体部品への矢印は，簡素化グラフでは省略するルールとし，単体部品となった［A］への矢印は記していない．解体プロセス番号2について，［ABCDEF］から［AB］と［CDEF］へ#2と記した矢印を結んだ．この#2とした2本の矢印はAND節点であることを明示するため弧でつながれており，もう一方の#1の矢印とはOR節点となっている．では，［CDEF］から次の矢印は，どのように描けるか．ここまで解体プロセス番号2が実行済みであるので，制約条件からは，解体プロセス番号1, 3, 4が実行可能であることがわかる．ただし，1番のプロセスはもう一方の部品［AB］にしか関係がないため，［CDEF］からの矢印は3番と4番のプロセスの2つがOR節点として現れる．以降，同様に描くことができる．なお，解体プロセスを実行した後に部品が複数の部品にどのように分解されるかについては，行列の繰り返し計算により判別することができる．

また，実際のモデル計算においては，AND/ORグラフと等価の情報を，表計算ソフト上のシートに持たせた．これ以外のグラフの持つ情報は，最小単位部品について，その素材と質量の情報，最小単位でない部品について，機械破砕した際の損益情報（環境性においては環境負荷情報）である．

6）最適手順の探索

既存の研究においても，上に記した目的関数ならびに制約条件とほぼ同じような最適化問題が設定されてきた（Li *et al.*, 1995; Lambert, 2002; Hula *et al.*, 2003）．この最適化問題は，可能な解体手順であることを満たさなければならないため，先に記したAND/ORグラフの最適経路探索問題であると読み替えることもできる．また，解体手順の実行可能性を等式や不等式として表せば，一般的な離散的最適化問題ともいえる．この問題は，部品点数や解体プロセス数が多くなり問題の規模が大きくなると，解候補の数と計算時間が指数関数的に増大してしまう特徴を持っており，それを効率的に解くアルゴリズムが未だ見つかっていないNP完全（NP-complete）というクラスに属する（Lambert, 2006）．この問題を解くアルゴリズムとしては，近似アルゴリズム（approximate algorithm）である発見的方法（heuristic method）やメタ

発見的方法（meta-heuristic method），あるいは厳密アルゴリズム（exact algorithm）である数理計画法（mathematical programming method）や盲目的探索法（brute-force search）が考えられる．発見的方法は，一定のルールに従ったアルゴリズムを用い，比較的良い解を得ようとするものである．発見的アルゴリズムは，簡便で速く解を得られる一方，近似解が得られる保証はない．メタ発見的方法は遺伝アルゴリズムのような方法であり，大域的最適解が得られる保証はないが，良い近似最適解を得ることができる．また，様々な性質を持った製品に適用できると考えられる．数理計画法とは，線形計画法（linear programming: LP），二分線形計画法（binary linear programming），整数線形計画法（integer linear programming）などによって厳密解を得る方法である．盲目的探索法とは，解となり得るすべての可能性について調べ上げ，確実に最適解を得る方法である（白井，1992）．

Lambert（2007）は，遷移マトリックス（transition matrix）を用いて解体前後の部品間の関係と解体順序の制約を表し，二値整数線形計画法（binary integer linear programming）によって最適解体手順を求めた．遷移マトリックスは，行項目に解体途中で生成されるすべての部品を項目として持ち，列項目に解体プロセス（接合）を項目として持つ．各列には，その解体プロセスによって分解される部品の要素に -1 が，生成される複数の部品の要素に 1 が，その他の要素は 0 が入力されている．図2.6.2で示した例示製品 α の構造から作成した遷移マトリックスを表2.6.3に示した．遷移マトリックスにより，行った場合1，行わなかった場合0とする解体プロセスベクトルの各要素を変数として，遷移マトリックスに乗じることにより「存在しない部品は解体できない」という制約を考慮できる．解体プロセスベクトルが二値の整数であるため，二値整数線形計画問題として，最適解体プロセスの組合せが得られる．また，同時に行えるプロセスの可能性と，プロセスの順番によるコストの違いを考慮したモデルとした．ただし，制約要因をすべてモデル内に制約式として含めるには，あまりに制約要因が多かったため，一部の制約要因は定式化されていない．そのため，得られる解には，循環プロセスや誤ったプロセスが含まれる可能性があるが，その場合，その解にて考慮されなかった制約を定式化し，再計算することによって対応している．

表 2.6.3　例示製品 α の遷移マトリックス

	0	1	2	3	4	5	6	7	8	9
ABCDEF	1	-1	-1	0	0	0	0	0	0	0
BCDEF	0	1	0	-1	0	0	0	0	0	0
CDEF	0	0	1	1	-1	-1	0	0	0	0
DEF	0	0	0	0	0	1	-1	0	0	0
AB	0	0	1	0	0	0	0	-1	0	0
CD	0	0	0	0	1	0	0	0	-1	0
EF	0	0	0	0	1	0	1	0	0	-1
A	0	1	0	0	0	0	0	1	0	0
B	0	0	0	1	0	0	0	1	0	0
C	0	0	0	0	0	1	0	0	1	0
D	0	0	0	0	0	0	1	0	1	0
E	0	0	0	0	0	0	0	0	0	1
F	0	0	0	0	0	0	0	0	0	1

表 2.6.4　例示製品 α の優先順位マトリックス

	1	2	3	4	5
1	—	0	0	0	0
2	0	—	1	1	1
3	0	-1	—	0	1
4	0	-1	0	—	0
5	0	-1	-1	0	—

Hula ら（2003）は，接続グラフ（liaison graph）によって製品の部品間接合を表し，優先順位マトリックス（precedence matrix）を用いて解体順序の制約を表し，遺伝アルゴリズムによって最適プロセスを求めた．優先順位マトリックスとは，行項目，列項目ともに同じ解体プロセス（接合）を項目として持つ．2つの解体プロセス間に優先順位の制約がある場合，先行すべきプロセスの行の後続すべきプロセスの列の要素は 1，その反対の要素は -1，対角成分は値を持たず，その他の要素は 0 となる．図 2.6.2 で示した例示製品 α の構造から作成した優先順位マトリックスを表 2.6.4 に示した．Hula らは，環境性と経済性の 2 軸で同時に評価を行い，パレート最適（一方の目的関数を上昇させるには，他方の目的関数を減少させなければならなくなる点）の

集合を，遺伝アルゴリズムを用いて導き，2軸上に描いた．なお，Hulaらは，解体手順制約の他にも，リサイクル率などの法制度による制約，リサイクル技術における制約なども同時に考慮している．

3.4節で記す事例研究では，AND条件, OR条件を満たし，経済性・環境性それぞれの目的関数が最大となる $t, w_i^{shred}, w_i^{disassemble}$ を求めるために，盲目的探索法によるAND/ORグラフを用いた最適経路探索を行った．なお，部品点数やプロセス数の増加によって問題規模が増大し，計算時間が爆発的に増加するのを避けるため，部品のモジュール化を行った．モジュール化した部品は，そのモジュールを完成体の1つの製品と考え，同様の最適化を全体の最適化に先行して行い，得られた最適解をモジュールの持つ情報として全体の最適化において用いた．

7）社会情報の入力

ここまでモデルについて述べてきたので，次に社会情報について以下に記す．最適化に必要な社会情報は，目的関数において設定した定数であり，各素材の価値や環境負荷量，手解体に要するコストや環境負荷量などである．

各素材の単位重量あたりの売却時の利益：$\Delta V_i^{recover}$ と，リサイクルによる環境負荷回避効果量：ΔE_i^{avoid} について，素材の種類を細かく分ければ分けるほど詳細な評価ができる．例えば，鉄鋼材と一括りにはせず，冷延鋼板，棒鋼，耐熱鋼，ステンレス鋼などと区分することも可能であるし，さらに詳細な区分も可能である．各素材の単位重量あたりの売却時の利益：$\Delta V_i^{recover}$ は，各素材のスクラップ市場における評価したい時点での価格を用いる．ただ，スクラップにも品位により価格が異なるため，妥当な品位のスクラップ品種を選択することが望ましい．なお，将来における評価の場合，用いるべき将来の価格の推測は難しいため，いくつかの将来価格シナリオを設定するなどの方法が考えられる．各素材の単位重量あたりのリサイクルによる環境負荷回避効果量：ΔE_i^{avoid} は，LCAにおいても評価の難しい対象の1つである．この回避効果量の算出における課題については，本書2.1.4リサイクルによるクレジットの計上においても言及されている通りである．単純には，過剰に回避効果を見積ることになるが，スクラップがバージン材を代替するものとして，バージン材の製造にかかる環境負荷誘発量をLCAのインベントリ

データから取得し，その分が回避効果となると仮定する．なお，設定した素材の区分が粗い場合，データベースに複数の候補があることが考えられる．その場合は，最も汎用的な品種あるいは生産量の多い品種などを選ぶことが望ましい．

手解体と機械分離にかかるコストと環境負荷量について，手解体は時間あたり，機械分離は重量あたりの原単位を設定する．単位時間あたりの手解体に要するコスト：$\Delta C^{disassemble}$ は，人件費である．単位時間あたりの手解体による環境負荷誘発量：$\Delta E^{disassemble}$ は，手解体を行う建屋の照明，空調，集塵などにかかる電力によるものがほとんどと考えられる．しかし，一般的に LCA のインベントリデータとしては得られないことから，実際に手解体の現場において電力消費量をヒアリングすることが望ましい．ただ，環境負荷誘発量として，先の素材製造分の回避効果に比べて無視できるほど小さい場合も多い．単位重量あたりの機械分離に要するコスト：ΔC^{shred} は，機械分離工程の操業コストから得られる．また，単位重量あたりの機械分離による環境負荷誘発量：ΔE^{shred} は，そこで消費される電力やその他の燃料等の消費にかかる誘発量を計上する．

埋立処理にかかるコストならびに環境負荷誘発量は，重量あたりの原単位を設定する．単位重量あたりの埋立処理コスト：$\Delta C^{landfill}$ は，地域や時期により異なるため，評価対象とする地域ならびに時期の値を設定する．また，単位重量あたりの埋立処理による環境負荷誘発量：$\Delta E^{landfill}$ は，LCA のインベントリデータとして整備されているため，それを用いるとよい．

最後に，各素材の機械破砕投入量に対する素材単体分離率（liberation rate）：R_i は，投入する破砕機，その後の機械選別のシステムにより異なるため，一般的なデータとしては存在しない．ただ，van Schaik ら（2004），Reuter ら（2005），Castro ら（2004）の示したモデルを用いることで，簡便に機械破砕の粉砕粒の粒度（particle size）や部品間の接合形態の情報から，素材の単体分離率を推計することも可能である．なお，機械分離からの回収物には，単一素材に分離されるものと，他の素材と混合しているものがある．3.4 節で記す事例研究では，以下のような仮定をおいた．単一素材として回収されたものは，スクラップとしてリサイクルされるものとした．実際の回

収物は，単一素材のスクラップとはいえ，他素材の混入がまったくないわけではなく，混入物の内容や量によってスクラップの品位は異なるが，考慮しなかった．また，単一素材として回収されないものは，複数の素材が混合した状態で回収される．複数素材の混合分は，いかなる素材の組合せであっても埋立処理されるとした．実際は，それら混合物に含まれる素材の組合せによってリサイクル性が異なる (Castro et al., 2004)．これは，混合物が処理されるプロセスに依存する．例えば，銅の組成が比較的高く，銅精錬に投入するのであれば，比較的許容される混合物は多い．他の例では，アルミ鋳物の原料として投入するのであれば，鉛合金，亜鉛合金，鉄系素材の混入は望ましくない．各素材の精錬における混合物質との相性については，熱力学的に決まる．そのため，望ましくない混入に対しては，精錬プロセスの前に，何らかの前処理を施し，取り除く以外に方法がない．

　また，3.4節において紹介する事例研究では考慮していないが，他に社会情報として考えられる情報は，有害性物質，破砕困難素材，再資源化率の達成目標などである．有害性物質は，含有する素材が使用されていた場合，必ず取出し，適正処理しなくてはならない．例えば，水銀を利用した蛍光管が用いられている場合などがそれにあたる．破砕困難素材は，破砕機に投入できないため，必ず手解体で分離しなければならない．例えば，破砕するには変形能が高すぎる柔らかい素材やガラスのように，粉々になってしまいすべての回収素材に混入してしまうような素材がそれにあたる．再資源化率の達成目標は，現在の家電リサイクル法の再商品化率のように，使用済み製品重量に占める再資源化の割合が法制度で規定されている場合などである．実態を鑑みると，このような社会情報を制約条件として反映させたモデルの方が望ましい．

8) 最適解探索

　AND/OR グラフから最適経路を探索する．AND/OR グラフには，手解体の実施によるすべての可能性は示されているが，その他にも機械破砕と直接埋立の選択肢も考慮しなければならない．そこで，AND/OR グラフによる最適経路探索の前に，各部品（ノード）を機械破砕した場合と直接埋立した場合の経済性あるいは環境性の評価結果から，どちらか最適な方を選び，そ

の結果をノードの初期値として与えることとする．ただし，素材が同一の物からなる複合部品については，それ以上分離する必要がないものとして機械破砕機へ投入せず，複合部品のままスクラップとしてリサイクルされるものとする．

最適経路探索では，AND/OR グラフを枝から根に向かって階層の低いもの（部品点数の少ない複合部品）から順番に探索する．これは，根から枝に向かう幅優先探索（breadth first search）の逆順序となっている．各ノードにおいて，AND/OR グラフ内の OR 節点の各可能性と初期値を比較し，その中で最適な経路を選択し，その最適値をノードの値として上書きする．対象とするノードをより部品点数の少ない複合部品（下層のノード）から順番に評価することで，より部品点数の多い複合部品（上層のノード）を評価する際に，その子ノードはすでにそれに続く孫ノード以降の分離・解体処理プロセスの最適化が行われた結果を持っており，子ノードと初期値だけの比較で最適経路を探索することができる．根までたどり着いたら，根から続く最適経路がただ 1 つ見つかる．

2.6.3　易解体設計の実現に向けて

本節では，使用済み製品の分離・解体プロセスの最適化モデルを核とした製品設計の DfD 化に向けた評価システムを紹介した．評価システムの概要図を図 2.6.5 に示す．製品設計を変化させた場合，そのリサイクルチェーンにおける使用済み製品のリサイクル性の変化が，現状十分に評価されているとはいえない．本節で紹介した最適化ツールには，まだまだ開発の余地が残されているが，現在の設計の解体性評価に対する 1 つの方向性を示していると考える．また，このような評価モデルは，製品全体のリサイクル性を向上させるために，鍵となる技術開発はどこにあるかを定量的に示すことも期待できる．製品の設計時に，このような評価を通して，製品のライフサイクルを考慮した設計へ向かうことが，本書の主題であるデュアルチェーンマネジメントである．

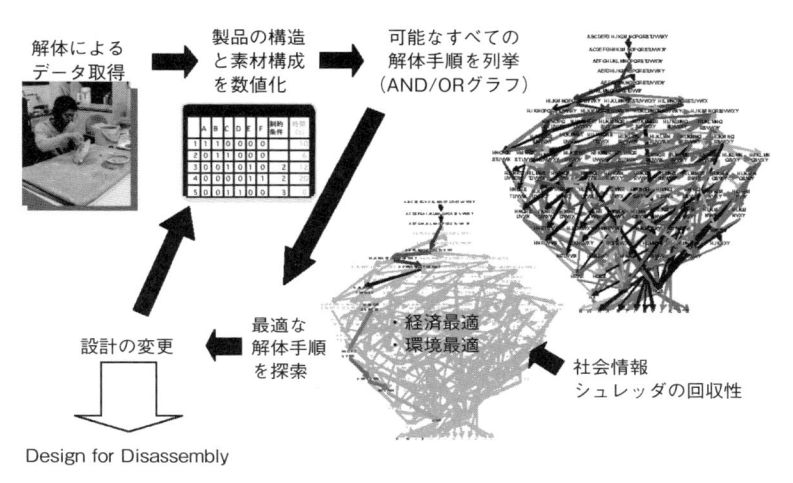

図 2.6.5　DfD 化へ向けた製品の解体性評価システムの概念図

参考文献

Baldwin DF, Abell TE, Lui M-CM, De Fazio TL, Whitney DE (1991): Integrated Computer Aid for Assembly Sequences, *IEEE Transactions on Robotics and Automation*, 7(I), 78-94.

Castro MB, Remmerswaal JAM, Reuter MA, Boin UJM (2004): A thermodynamic approach to the compatibility of materials combinations for recycling, *Resources, Conservation & Recycling*, 43, 1-19.

De Fazio T, Whitney DE (1987): Simplified Generation of All Mechanical Assembly Sequences, *IEEE Journal of Robotics and Automation*, RA-3(6), Dec, 640-658.

Fujisaki K (2006): The introduction of DFD tool considering environmental load (Third report), EcoDesign 2006 Asia Pacific Symposium, Tokyo, Japan, Dec11-13.

藤田彰久(1969): IE の基礎，好学社．

Gutowski T, Dahmus J, Albino D, Branham M (2007): Bayesian Material Separation Model With Applications to Recycling, IEEE International Symposium on Electronics and the Environment, Orlando, Florida, USA, May 7-10, 233-238.

Homem de Mello LS, Sanderson AC (1990): AND/OR Graph Representation of Assembly Plans, *IEEE Transactions on Robotics and Automation*, 6, 188-199.

Hula A, Jalali K, Hamza K, Skerlos SJ, Saitou K (2003): Multi-Criteria Decision-Making for Optimization of Product Disassembly under Multiple Situations,

Environ. Sci. Technol., 37, 5303-5313.

Lambert AJD (1999): Linear programming in disassembly/clustering sequence generation, *Computers & Industrial Engineering*, 36, 723-738.

Lambert AJD (2002): Determining optimum disassembly sequences in electronic equipment, *Computers & Industrial Engineering*, 43, 553-575.

Lambert AJD (2006): Generation of assembly graphs by systematic analysis of assembly structures, *European Journal of Operational Research*, 168, 932-951.

Lambert AJD (2007): Optimizing disassembly processes subjected to sequence-dependent cost, *Computers & Operations Research*, 34, 536-551.

Li W, Zhang C, Wang BH-P, Awoniyi SA (1995): Design for disassembly analysis for environmentally conscious design and manufacturing, In Manufacturing science and engineering, ASME, pp. 969-976.

Moore KE, Gungor A, Gupta S (2001): Petri net approach to disassembly process planning for products with complex AND/OR precedence relationships, *European Journal of Operational Research*, 135, 428-449.

Reuter MA, Heiskanen K, Boin U, van Schaik A, Verhoef E, Yang Y, Georgalli G (2005): The metrics of material and metal ecology, Series editor: B. A. Wills, Developments in minerals processing 16, Elsevier, Netherland, 706 pp.

白井良明（1992）：人口知能の理論，コロナ社．

Subramani AK, Dewhurst P (1991): Automatic Generation of Product Disassembly Sequences, *Annals of the CIRP*, 40(1), 115-118.

van Schaik A, Reuter MA, Heiskanen K (2004): The influence of particle size reduction and liberation on the recycling rate of end-of-life vehicles, *Minerals Engineering*, 17, 331-347.

Zandin KB (1990): MOST work measurement systems, H. B. Manyard and Company.

Zhang S, Forssberg E (1999): Intelligent Liberation and classification of electronic scrap, *Powder Technology*, 105, 295-301.

3章
マテリアル環境工学の実践

3.1 銅素材の動的マテリアルフロー分析

3.1.1 本節のねらい

　本節では，2.2節にて解説したポピュレーションバランスモデル（PBM）と2.3節にて解説したマテリアルフロー分析（MFA）を適用した銅系素材のマテリアルフローを動的に分析した事例研究を紹介する．

　銅系素材は，電線，熱交換器，バルブなどとして，多様な製品に用いられている素材であり，素材の化学組成から銅素材と銅合金素材に大別できる．銅素材は，主に無酸素銅，タフピッチ銅，リン脱酸銅として用いられており，99.90%以上の銅含有率を有し，その加工性や電導性の高さから，電線，ソケット，リードフレームなどに用いられている．一方，銅合金素材は，黄銅，快削黄銅として，それぞれ59.0-71.5%，57.0-63.0%の銅含有率の範囲で用いられているものが多く，機械的性質や耐腐食性に優れている．黄銅は銅を主成分とする亜鉛との合金であるが，他にも銅合金には，スズとの合金である青銅や，ニッケル，マンガン，亜鉛との合金である洋白（54.0-75.0%-Cu）がある．前者は，コネクタ，電気機器用ばね材，船舶用部品などに用いられ，後者は，水晶振動子キャップや洋食器などに用いられる．

　現状の銅製造プロセスは，銅鉱石を溶錬（自溶炉，反射炉など）により銅マットとし，製銅（転炉など）により粗銅（銅アノード）とし，電解精製により高純度な電気銅として製造している．銅系素材のリサイクルには，大きく2つのリサイクル形態がある．1つは，上記の電気銅の精錬プロセスより前のプロセスにスクラップ[1]を投入し，電解プロセスを経ることで，再度高純度な銅として利用する形態である．廃基板からの銅回収は，このリサイク

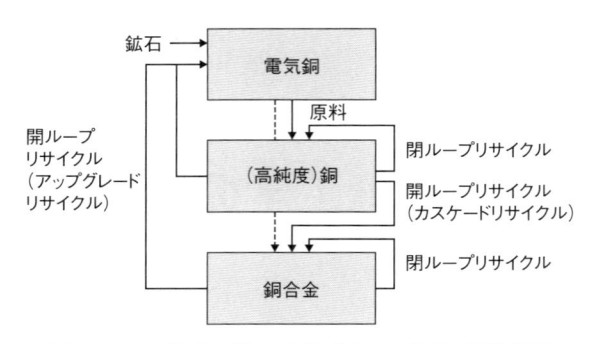

図 3.1.1　銅系素材のリサイクルに関する概略図

ル形態である．もう1つのリサイクル形態は，スクラップを再溶解して利用する形態である．廃基板のような一部に銅を含むスクラップではなく，被覆を剥いた電線などの銅素材以外の付帯物のない形状のスクラップは，このリサイクル形態に用いられることが多い．これら2つのリサイクルでの大きな違いは，リサイクルにかかる手間と許容純度である．前者は，多くのエネルギーを必要とする精錬プロセスを経る一方，比較的どのような付帯物や混入物のあるスクラップであっても投入することができる．後者は，再溶解だけでよいため，かかるエネルギーは少ないが，スクラップの付帯物や混入物あるいは素材としての合金成分により制約を受ける．

　銅リサイクルの概略フローを図3.1.1に示したが，先に記したように，銅と銅合金には，銅含有率に大きな違いがあることから，銅系素材の再溶解によるリサイクルを考慮する際には，銅素材と銅合金素材で大きく異なる．銅合金素材を製造する場合には，銅素材から発生するスクラップを原料として用い，必要に応じて合金成分を添加することにより，再溶解により銅合金を製造することができる．逆に，銅素材を製造する場合に，銅合金素材から発生するスクラップを用い，再溶解により合金成分を取除き，高純度な銅を製

1　銅系素材のスクラップは，統計では，銅の故にまたはくず，銅合金の故またはくずと称されている．故やくずという呼称のイメージの悪さから，近年，銅系素材の製造者の間では「リサイクル原料」と呼ぶ向きもある．本書では，他素材も含めスクラップという呼称に統一している．

造することはできない．銅合金を高純度な銅として利用する場合には，再溶解ではなく再精錬によるリサイクルが必要となり，付加的なエネルギーが必要となる．そのため，混入物や合金成分の制約を避けて再溶解によるリサイクルを促進するためには，銅と銅合金を別々に閉ループリサイクルによって循環させることが望まれる．

しかしながら，既存の銅のフローを分析した論文（例えば，Spatariら，2005）では，銅系素材の化学組成に着目しておらず，銅と銅合金のリサイクル性の違いを区別してこなかった．そこで，本節で記す事例研究では，日本において銅系素材の動的マテリアルフローを合金種別に区別して分析し，リサイクル性を評価することを目的とした．

3.1.2 動的マテリアルフロー分析のデータ整備
（1）分析方法概要

本研究では，使用済み素材排出量や社会中での銅の蓄積量を推計するためにポピュレーションバランスモデル（2.2節参照）を用いた．過去の投入量に当該年までの寿命から決定される廃棄確率を乗じることで生産年毎の排出量が導出され，それらを積み上げることにより当該年の排出量が導出される．さらに，排出量に回収率を乗じることにより，銅スクラップあるいは銅合金スクラップとしての回収量が求められる．これを老廃スクラップ（obsolete scrap, old scrap）と呼ぶ．また，需要量に最終製品製造時の加工歩留りを乗じることにより，銅スクラップあるいは銅合金スクラップとしての回収量が求められる．これを加工スクラップ（industrial scrap）と呼ぶ．電線・ケーブルや伸銅メーカにおいて発生し，主には自社内で消費されるスクラップもあり，これを自家発生スクラップ（in-house scraps）と呼ぶ．また，加工スクラップと自家発生スクラップを合わせて new scrap と呼ばれる．

動的分析で用いたデータは，素材需要量，間接輸出入量，製品寿命分布，使用済み製品回収率，スクラップ回収量である．それぞれ過去からの経年データを，統計ならびに既存の調査，研究から得た．一部のデータに関しては，仮定をおいたため，以下にデータの出典と，設定した仮定について詳述する．

表 3.1.1　日本における銅系素材の生産，需要に関する区分

形状用途による素材区分	電線	伸銅品	
素材の化学組成	高純度銅		銅合金
本研究での区分	電線	伸銅品（銅）	伸銅品（銅合金）

(2) 銅系素材の区分

　銅および銅合金それぞれの需要量を用途区分ごとに統計値から得た．統計において，銅の需要量は電線と伸銅品の別に，銅合金の需要量は伸銅品として整備されている．これは，日本の銅系素材産業が，製品形状・用途の違いにより電線と伸銅品の2つに区分されているためである．電線とは，架線のような電力用電線だけでなく，機械内部の細く緻密な電線も含まれる．銅と銅合金の違いという観点からは，すべての電線は高純度銅である一方，伸銅品には，高純度銅を用いた伸銅品と銅合金を用いた伸銅品がある．よって，日本における銅系素材の生産，需要に関する区分は，表3.1.1に示すように電線，伸銅品（銅），伸銅品（銅合金）の3つに区別するとわかりやすい．また，評価対象とした素材は，銅合金を合金成分の違いによってさらに詳細に区分し，電線，伸銅品（銅），伸銅品（黄銅），伸銅品（青銅），伸銅品（洋白）の5つとした．銅と銅合金とする場合には，電線，伸銅品（銅）を銅，伸銅品（黄銅），伸銅品（青銅），伸銅品（洋白）を銅合金として扱う．また，銅と銅合金ともに，銅純分ではなく，素材としての質量を考慮した．

(3) 用途の区分

　ポピュレーションバランスモデルにおいて，製品寿命は，製品によって異なるものと考えられる．銅は，汎用的に種々の製品に使われていることから，すべての製品を個別に考慮することは難しく，比較的製品としての用途が類似したいくつかの区分を設定した．本研究で設定した用途区分は，電線と伸銅品それぞれに同じ6用途（通信用・電力用電線，電気機械，自動車，その他機械，建設，その他用途）とし，統計に記載された用途区分を統合することにより，銅と銅合金の別に6用途の需要量を得た．なお，本研究における通信用・電力用電線の用途に，伸銅品は用いられていない．需要量データは，

表 3.1.2 電線品目の用途区分と統計値区分の対応表

用途区分	1949-1956	1957-1974	1975-1978	1979-2004
通信・電力・鉄道	通信	通信	通信	通信
	電力	電力	電力	電力
	*1	運輸	運輸	運輸
電気機械	電気機械	電気機械	電気機械	電子通信機械 重電 家電 その他電気機械
自動車	—	その他機械	その他機械	電装品 自動車
その他機械	—	造船	造船	その他機械 造船
建設	建設・電線販売業	土建	建設	建設
その他	その他内需	防衛 その他官公需	その他官公需	その他官公需
		輸送	輸送	輸送
		鉄鋼	鉄鋼	鉄鋼
		化学	化学	化学
		鉱業 繊維 その他民需	その他民需	その他民需
(配分 *2)	—	電線販売業	電線販売業	電線販売業

*1 運輸(鉄道)は,1949-1956 においてはその他内需に含まれている.
*2 販売業者への需要量は,他の用途へそれぞれの需要量に応じ配分した.
出典:五十年史編纂委員会(1998):日本電線工業会五十年史,(社)日本電線工業会,東京,pp. 336-353.
　　(社)日本電線工業会(1957-2005):電線統計年報,東京.

1949年から整備したが,伸銅品の1949年から1951年の需要量に関しては,用途区分のない総量のみが得られたため,1952年の需要用途割合により用途毎の需要量を推計した.また,統計における需要量データの用途区分は,時系列により変遷しており,電線と伸銅品における各年での統計上の区分と,本研究で設定した6用途の対応は表3.1.2ならびに表3.1.3のように設定した.

表 3.1.3　伸銅品目の用途区分と統計値区分の対応表

用途区分	1952*-1967	1968-1984	1985-2004
電機機械	通信機械製造業	電機業（通信機械）	電機業（半導体）
電機機械	電機業	電機業（その他）	電機業（コネクタ） 電機業（配電・制御装置） 電機業（その他） 一機業（冷凍機）
自動車	陸軍車両製造業	輸機業（その他）	輸機業
その他機械	船舶製造業	輸機業（船舶）	精密機械器具製造業
その他機械	その他の機械器具製造業	その他の機械器具製造業	金製業（ガス・石油機器） 一機業（その他）
建設	建設業	建設業	建設業
建設	金製業	金製業（その他の金属製品）	金製業（その他）
その他	その他の産業（-1963） その他の製造業（1964-）	その他の製造業	金製業（日用品）
その他	日用品製造業	金製業（日用品）	その他製造業
その他	化学工学	化学工業	その他
その他	紡績業（-1963） 繊維工業（1964-）	繊維工業	その他
その他	機械器具製造業（武器）（1965-）	武器製造業	その他
その他	保安向（-1963）	その他（1974）	その他

* 総需要量は，1949-1951年の3年間も得られる．
電機業：電気機械器具製造業，一機業：一般機械器具製造業，輸機業：輸送機械器具製造業，金製業：金属製品製造業．
出典：経済産業省（1949-1985）：資源統計年報，経済産業調査会，東京．
　　　日本伸銅協会ホームページ：http://www.copper-brass.gr.jp/database/statistics.html（アクセス日：2006年12月1日）

(4) 投入量の導出

　ポピュレーションバランスモデルで必要となる，社会への素材の投入量は，素材の生産から見ると，図3.1.2のような要素を考慮する必要がある．一般

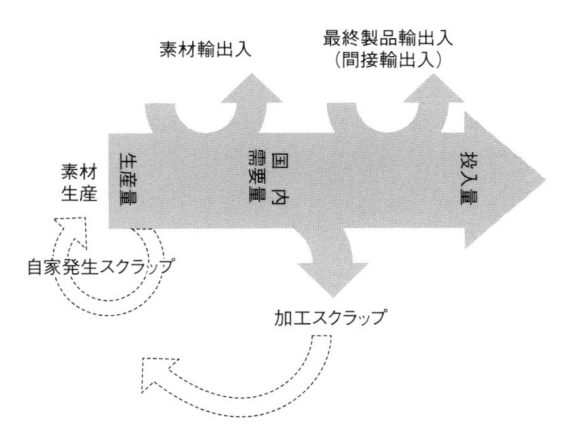

図 3.1.2 素材の生産から，素材が社会へ投入されるまでの概略フロー

表 3.1.4 用途ごとの加工スクラップ発生率

	電線	伸銅品
通信・電力・鉄道	0%	—
電気機械	10%	40%
自動車	10%	30%
その他機械	10%	43%
建設	10%	43%
その他	0%	30%

に，素材の輸出入が考慮されたあとの量は，国内における需要量といえる．さらに，各用途に応じて素材として販売されたのち，最終製品に組み立てるために加工プロセスを経ることが多い．表3.1.4に本研究で用いた用途毎の加工スクラップ発生率を示す．最終製品製造時の加工歩留りに関して，詳細な用途別に文献（CJC, 1999）から，1997年の調査値として得た．表3.1.4では，それらを1997年の需要量により加重平均することで，本研究で設定した用途区分の加工歩留りとして設定した．2002年の調査値（日本伸銅協会，2004）も得られたが，加工歩留りに経年による変化がなかったことより，それらは経年変化しないものと仮定した．なお，加工歩留りは，素材形状によって大きく異なることから，電線と伸銅品の別で得た．さらに，最終製品と

なった後に輸出される量（間接輸出量）を引き，製品として輸入される量（間接輸入量）を足すことで，社会への投入量を算出できる．間接輸出入量は，鉄鋼材の需要量と間接輸出入量の比率を適用することで導出した．なお，本研究における間接輸出量は，電線統計年報に記載の間接輸出量とは定義が異なることに注意されたい．

(5) ポピュレーションバランスモデルに関するデータ整備

社会に投入された銅および銅合金は，各用途における寿命分布に従って廃棄されると考えられる．本研究で設定した用途毎の寿命分布を表3.1.5に示す．自動車は，統計値から得られるノンパラメトリックな製品寿命を用いた．建設は，小松ら (1992) が1989年に現存していた住宅の寿命をフィッティングすることにより得た木造専用住宅の寿命分布関数を用いた．通信用・電力用電線は，屋外敷設ケーブルの目安耐用年数の15-20年の中間値を平均寿命とし，形状母数が3.5となるワイブル分布を採用した．電気機械は，家庭用

表3.1.5　各用途の寿命分布

用途区分	分布関数	パラメータ	平均寿命	参照
通信・電力・鉄道	ワイブル分布	$m=3.5, b=19.4$	17.5 年	*1
電気機械	ワイブル分布	$m=3.5, b=14.2$	12.8 年	*2
自動車	ワイブル分布	—	9.7-10.5 年	*3
その他機械	ワイブル分布	$m=3.5, b=13.3$	10.0 年	*4
建設	対数正規分布	$\mu=3.6, \sigma=0.63$	38.7 年	*5
その他	ワイブル分布	$m=3.5, b=11.1$	10.0 年	*6

出典：
*1 （社）日本電線工業会 (1989)：技術資料，第107号，電線・ケーブルの耐用年数について．1989.6.
*2 田崎智宏ほか (2001)：使用済み耐久消費財の発生台数の予測方法，廃棄物学会論文誌，12(2)，49-58.
*3 国土交通省自動車交通局：自動車保有車両数 1-32，自動車検査登録協力会，東京，1958-2005.
*4 戸井朗人，佐藤純一 (1997)：廃棄までの期間の分布を考慮したリサイクルシステムの解析的モデルの導出とその適用，エネルギー・資源，18(3)，271-277.
*5 小松幸夫ほか (1992)：わが国における各種住宅の寿命分布に関する調査報告—1987年固定資産台帳に基づく推計，日本建築学会計画系論文報告集，439，101-110.
*6 醍醐市朗ほか (2005)：鋼材循環利用における環境負荷誘発量解析のための動態モデルの構築，鉄と鋼，91(1)，171-178.

電気機器の寿命分布関数を採用した．その他機械は，船舶とその他機械の平均寿命である12年を用い，形状母数が3.5となるワイブル分布を採用した．その他用途は，平均寿命を五十嵐ら（2005）から得て，形状母数が3.5となるワイブル分布を採用した．また，寿命に関しても，多くのデータが得られなかったことより，経年により変化することはないものと仮定した．使用済み製品からの銅系素材スクラップの回収率に関しては，排出源となる用途ごとの回収率を，1997年の調査値として得た（CJC, 1999）．それら回収率を本研究で設定した用途区分に統合したものを表3.1.6に示す．これにより，ポピュレーションバランスモデルを用いて，回収されるスクラップ量を推計することが可能となる．

表3.1.6 各種製品の使用済み製品からの老廃スクラップ回収率

		電線				伸銅品		
		排出量 [kt]	回収量 [kt]	回収率		排出量 [kt]	回収量 [kt]	回収率
通信・電力・鉄道	通信事業用	60	60	100%	100%	—	—	—
	送配電線	95	95	100%		—	—	
	鉄道用電線	10	10	100%		—	—	
電気機械	重電	28	22	79%	55%	20	12	60%	55%
	家電	38	22	58%		23	11	48%	
	電子通信機器	19	6	32%		11	4	36%	
	その他電機	10	2	20%		10	2	20%	
	産業用冷凍空調	—	—	—		25	20	80%	
自動車	輸送機械	49	30	61%	61%	40	23	58%	58%
その他機械	その他機械	8	4	50%	50%	38	19	50%	50%
建設	建設関連電線	98	78	80%	80%				56%
	建設関連伸銅					27	15	56%	
その他	ガス石油機器	—	—	—	23%	32	12	38%	23%
	金属製品日用品	—	—	—		32	3	9%	

(6) スクラップに関するデータ整備

スクラップの発生・回収量についての実績値を，銅および銅合金の別に統計から得た．ただし，指定統計において，銅スクラップ，銅合金スクラップは，それぞれ「銅の故又はくず」，「銅合金の故又はくず」と記されている．「銅の故又はくず」の定義は，銅含有量が 97% 以上の，銅の故・くず，およびこれらを流し変えたものとされており，同様に，「銅合金の故又はくず」は，銅含有率が 50% 以上の銅合金の故・くず，およびこれらを流し変えたものとされている（資源エネルギー庁，2005）．さらに注記には，銅スクラップか銅合金スクラップか選別できない時は，銅合金スクラップとすることと記されている．また，上記定義より銅含有率が 50% に満たないものは，銅や銅合金のスクラップとして把握されないことがわかる．また，銅および銅合金のスクラップに関する統計値は，供給と需要の 2 つに大別されている．統計より得られる供給と需要の総量において，1999 年以降，供給量より需要量が年間約 40 万 t 大きく計上されているが，醍醐ら（2007）において，その差異を老廃スクラップとして回収された量であると仮定し，結果の妥当性が確認されていることから，供給量を補正し用いた．

3.1.3 動的マテリアルフロー分析の結果

ポピュレーションバランスモデルを用いた動的分析により，1970 年からの各年の使用済みとなった銅および銅合金の排出量を推計した．さらに，排出量に老廃スクラップ回収率を乗じることで推計されたスクラップ回収量の推移を，5 つの素材別に図 3.1.3 に示す．また，統計値も図 3.1.3 にプロットした．推計された回収量は，2002 年までは，統計値に対し比較的合致していることがわかる．2003 年から 2005 年は，統計値に対して少し小さく見積られた．これは，本研究で用いた回収率が 1997 年時点のものであり，回収率は経年変化しないものと仮定したことから，その期間では回収率が 1997 年と比較して少し大きかったと考えられる．この時期の資源価格の高騰により，回収率が大きくなった可能性がある．これより，設定したパラメータの妥当性が検証されたとともに，1999 年以降の統計値における供給量と需要量の誤差についても，把握されていなかった老廃スクラップと考えることにより，動

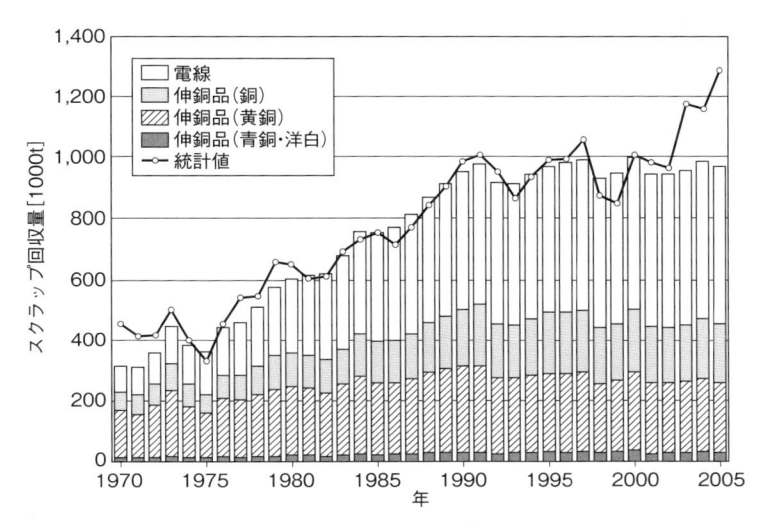

図 3.1.3 推計された素材別スクラップ回収量の推移と統計値

的マテリアルフロー分析の結果とよく合致することが示された．

また，各年の社会への投入量から社会からの排出量の差を経年で積み上げることで推計された社会における素材別の蓄積量（物質ストック量）を図3.1.4に示す．2005年における社会での銅の総蓄積量はおよそ1500万t，銅合金の蓄積量はおよそ600万tであり，銅系素材全体では2100万tに達する．これは，2005年に社会に投入される全銅系素材量の約20倍である．

また，蓄積量を人口1人あたりに換算したものを用途別に図3.1.5に示す．日本の2005年における銅系素材の蓄積量は人口1人あたり約160kgであった．既存研究（Spatariら，2005）において，1999年における北米での人口1人あたりの銅蓄積量は，銅純分で約170kgと推計されていることより，両地域での人口1人あたりの蓄積量は同程度であることがわかった．

3.1.4　銅および銅合金のスクラップ

統計値においては，銅と銅合金のスクラップが，それぞれ把握されている．生産統計も銅と銅合金について，それぞれ整備されていることから，銅と銅

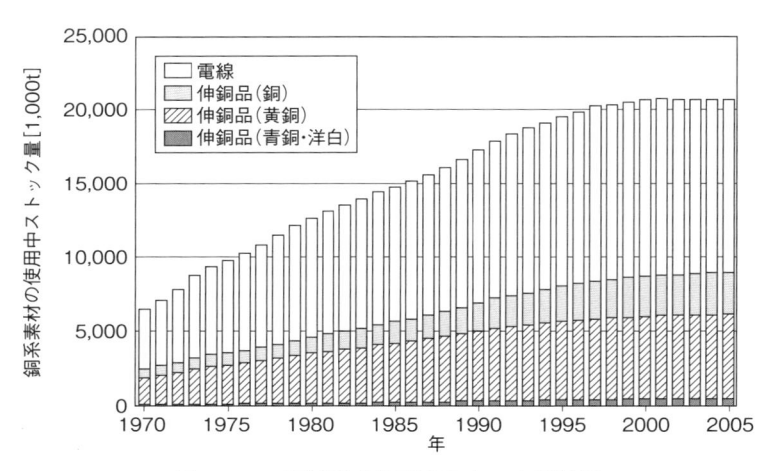

図 3.1.4　素材別の使用中ストック推計量

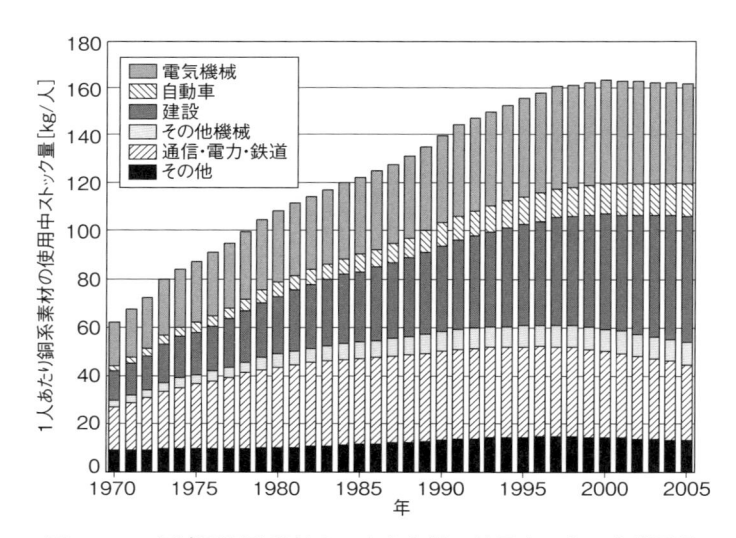

図 3.1.5　用途別銅系素材の 1 人あたりの使用中ストック推計量

合金を区別した動的分析により，それぞれの回収量を推計することができる．そこで，銅と銅合金を区別して推計された回収量と統計値を比較した結果を図3.1.6と図3.1.7にそれぞれ示した．ここでは，老廃スクラップは発生源となった用途別に区別して示した．銅合金スクラップの推計量に占める加工スクラップの割合が大きいのは，表3.1.4に示したように，銅合金が用いられる伸銅品の加工スクラップの発生率が電線に比べ高いためである．

図3.1.6に示した銅スクラップでは，推計値が統計値に比べ大きいのに対し，図3.1.7に示した銅合金スクラップでは，推計値が統計値に比べ小さいのがわかる．総量は，図3.1.3において推計値と統計値がほぼ一致していることが確認されているので，銅として回収されたと推計されたスクラップが，実際は銅合金として回収されている量が大きいことがわかった．統計の記入要領の注記に「銅屑か銅合金屑か選別できない時は，銅合金屑とする」とあるように，銅が銅合金と分別されることなく回収された場合や，メッキなど分離困難な付着物がある場合，回収された屑に何が含まれているかわからない場合，銅合金として回収，消費されているためであると考えられる．推計

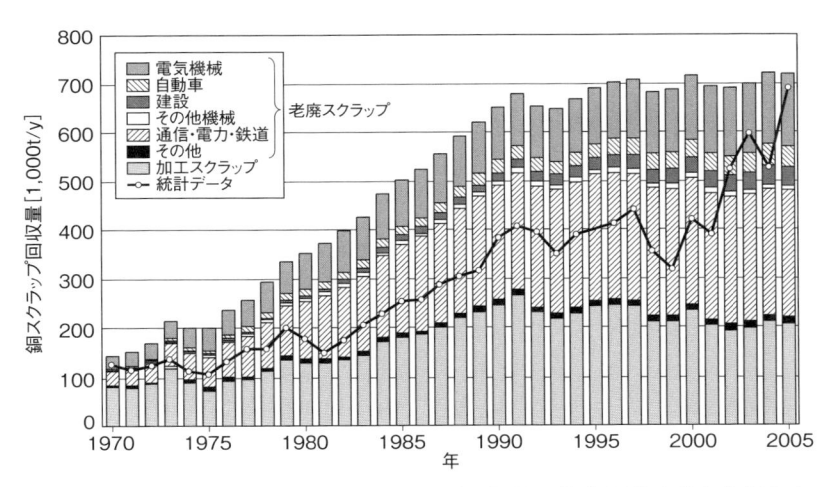

図3.1.6 推計された銅素材のスクラップ回収量の推移と統計値から得られる銅スクラップ（$\geqq 97\%\text{-Cu}$）の回収量

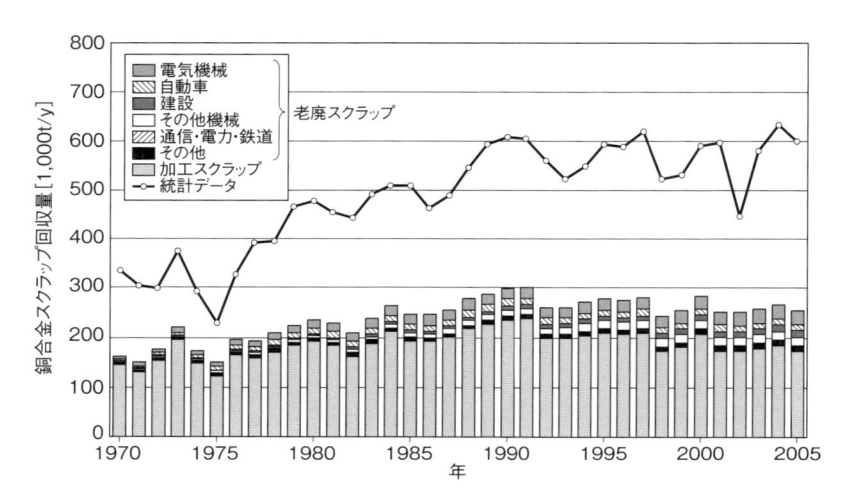

図3.1.7 推計された銅合金素材のスクラップ回収量の推移と統計値から得られる銅合金スクラップ（＜97%-Cu, ≧50%-Cu）の回収量

においては，銅として製品に使用されたものは，すべて銅のスクラップとして回収されるものとしている．しかし実際には，銅も銅合金も，同一製品に用いられており，それらが分別されずに，銅も銅合金スクラップと認識され回収されていることが示されたとともに，その量が推計できた．また，2003年と2004年は，推計値に対し統計値が大きかったが，銅と銅合金の別に見ると，銅の銅スクラップとしての分離・回収が進んでいたことがわかった．

村上ら（2005）によれば，他の素材のスクラップの中に含まれ輸出され，輸出先において銅を回収している場合や，中古部品や中古製品として輸出される場合もあると指摘されている．また，アルミニウムと分離されることなくアルミニウム2次精錬にて添加元素として有効利用されているものもある．本研究においては，このような銅として認識されずに国内の他素材や国外において有効利用されているものに関しては，未回収分として取扱っている．つまり，国内での銅としての再利用以外の上記のような再利用も考慮すると，銅のリサイクル性は本研究で示したもの以上に高いと考えられる．

動的分析の結果を用い，2005年における銅のマテリアルフロー図を銅と銅

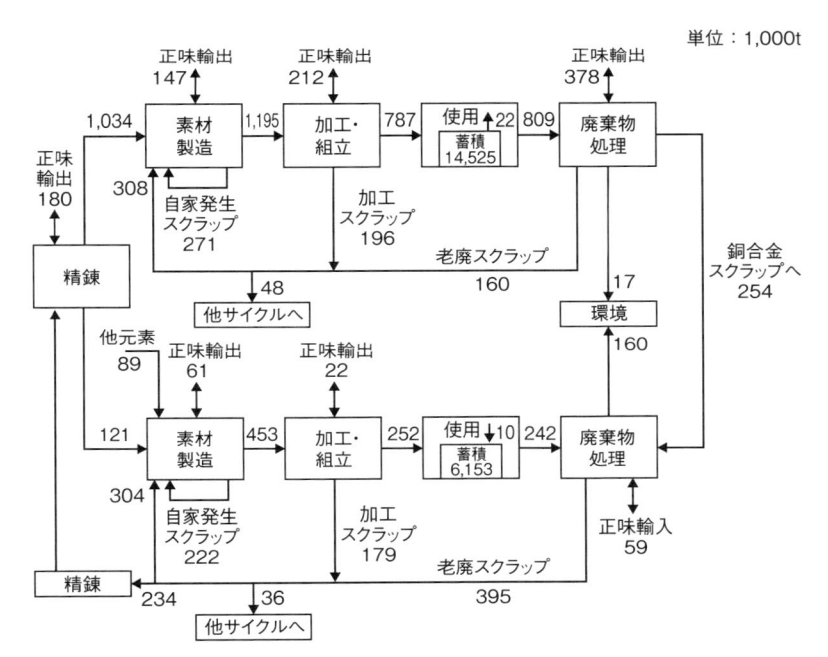

図 3.1.8 日本における純銅と銅合金を区別した銅系素材のマテリアルフロー（2005 年）（図 2.3.4 の再掲）

合金別に作成し，図 3.1.8 に示した．上段に，銅のサイクルを，下段に銅合金のサイクルを示し，銅合金は，銅純分ではなく，素材の質量として示されている．図 3.1.8 より，25 万 t の銅由来の素材が銅合金スクラップとして回収され，再利用されていることがわかる．また，結果より，銅または銅合金に消費される電気銅の約 90% が銅に消費されており，銅合金の主な原料はスクラップであると推計された．

本節で記したように，ポピュレーションバランスモデルを用いた動的なマテリアルフロー分析によって，実際には観測できない社会からの素材の排出動向を推計することができる．本節の銅系素材の事例では，これにより，銅として製品に使用されたもののうち，銅合金スクラップとして回収されている量が推計された．このような情報は，今後，リサイクルを促進しようとした際に，重要な示唆を与えるものと考える．

参考文献

足立芳寛, 松野泰也, 醍醐市朗, 滝口博明（2004）：環境システム工学, 東京大学出版会, 東京, pp.159-181.

CJC（クリーンジャパンセンター）（1999）：廃棄物減量化のための社会システムの評価に関する調査研究−非鉄金属素材における循環型経済システムの在り方に関する調査研究報告書, 1999.3, 111pp.

Elshkaki A, van der Voet E, van Holderbeke M, Timmermans V（2004）: The environmental and economic consequences of the developments of lead stocks in the Dutch economic system, *Resources, Conservation & Recycling*, 42, 133-154.

Elshkaki A, van der Voet E, Timmermans V, Holderbeke M v（2005）: Dynamic stock modelling: A method for the identification and estimation of future waste streams and emissions based on past production and product stock characteristics, *Energy*, 30, 1353-1363.

醍醐市朗, 藤巻大輔, 松野泰也, 足立芳寛（2005）：鋼材循環利用における環境負荷誘発量解析のための動態モデルの構築, 鉄と鋼, 91(1), 171-178.

Daigo I, Igarashi Y, Matsuno Y, Adachi Y（2007）: Accounting for steel stock in Japan, *ISIJ International*, 47(7), 1064-1068.

醍醐市朗, 橋本 晋, 松野泰也, 足立芳寛（2007）：日本における銅屑および銅合金屑の物質収支の動的分析, 日本金属学会誌, 71(7), 563-569.

五十年史編纂委員会（1998）：日本電線工業会五十年史,（社）日本電線工業会, 東京, pp.336-353.

Graedel TE, van Beers D, Bertram M, Fuse K, Gordon RB, Gritsinin A, Kapur A, Klee RJ, Lifset RJ, Memon L, Rechberger H, Spatari S, Vexler D（2004）: Multilevel cycle of anthropogevic copper, *Environmental Science & Technology*, 38, 1242-1252.

Hashimoto S, Moriguchi Y, Saito A and Ono T（2004）: Six indicators of material cycles for describing society's metabolism: Application to wood resources in Japan, *Resources, Conservation & Recycling*, 40, 201-223.

Hashimoto S, Tanikawa H, Moriguchi Y（2007）: Where will large amounts of materials accumulated within the economy go? —A material flow analysis of construction minerals for Japan, *Waste Management*, 27(12), 1725-1738.

Hatayama H, Yamada H, Daigo I, Matsuno Y, Adachi Y（2007）: Dynamic substance flow analysis of aluminum and its alloying elements, *Materials Transaction*, 48, 2518-2524.

五十嵐佑馬, 醍醐市朗, 松野泰也, 足立芳寛（2005）：日本国内におけるステンレス鋼のマテリアルフロー解析および循環利用促進によるCO_2削減効果の評価, 鉄

と鋼,91(12),57-63.
Igarashi Y, Daigo I, Matsuno Y, Adachi Y (2007): Accounting for steel stock in Japan, *ISIJ International*, 47, 758-763.
Johnson J, Jirikowic J, Bertram M, van Beers D, Gordon RB, Henderson K, Klee RJ, Lanzano T, Lifset R, Oetjen L and Graedel TE (2005): Contemporary anthropogenic silver cycle: A multilevel analysis, *Environmental Science & Technology*, 39, 4655-4665.
Johnson J, Schewel L, Graedel TE (2006): The contemporary anthropogenic chromium cycle, *Environmental Science & Technology*, 40, 7060-7069.
角館慶治,河村光隆,足立芳寛,鈴木俊夫(2000):ポピュレーションバランスモデルによる日本鋼材利用パターンのマクロモデル,鉄と鋼,86, 425-430.
Kapur A, Bertram M, Spatari S, Fuse K, Graedel TE (2003): The contemporary copper cycle of Asia, *Journal of Material Cycles and Waste Management*, 5, 143-156.
経済産業省(1949-1985):資源統計年報,経済産業調査会,東京.
Kleijn R, Huele R, van der Voet E (2000): Dynamic substance flow analysis: The delaying mechanism of stocks, with the case of PVC in Sweden, *Ecological Economics*, 32, 241-254.
国土交通省自動車交通局(1958-2005):自動車保有車両数1-32,自動車検査登録協力会,東京.
小松幸夫,加藤裕久,吉田倬郎,野城智也(1992):わが国における各種住宅の寿命分布に関する調査報告―1987年固定資産台帳に基づく推計,日本建築学会計画系論文報告集,439, 101-110.
Lifset RJ, Gordon RB, Graedel TE, Spatari S, Bertram M (2002): Where has all the copper gone: The stocks and flows project, part 1, *JOM*, 54, 21-26.
Melo MT (1999): Statistical analysis of metal scrap generation: the case of aluminium in Germany, *Resources, Conservation & Recycling*, 26, 91-113.
Mueller DB, Wang T, Duval B, Graedel TE (2006): Exploring the engine of anthropogenic iron cycles, *Proceedings of the National Academy of Sciences USA*, 103, 16111-16116.
村上進亮,寺園 淳,森口祐一,茂木源人(2005):中古財輸出を考慮した金属資源のマテリアルフロー分析,第21回エネルギーシステム・経済・環境コンファレンス講演論文集,155-158.
(社)日本電線工業会(1989):技術資料,第107号,電線・ケーブルの耐用年数について.
(社)日本電線工業会(1957-2005):電線統計年報,東京.

(財) 日本規格協会 (2006)：JIS ハンドブック非鉄, 東京, p. 4.
日本伸銅協会 (2004)：銅くず分類基準の改正のための銅系スクラップの取引実態調査報告書, pp. 28-29.
日本伸銅協会ホームページ：http://www.copper-brass.gr.jp/database/ statistics. html,（アクセス日：2006年12月1日）
(社) 日本鉄源協会 (2007)：クオータリーてつげん, 2007 新春号, 東京.
資源エネルギー庁 (2005)：非鉄金属需給月報記入要綱, 東京.
Spatari S, Bertram M, Fuse K, Graedel TE, Rechberger H (2002): The contemporary European copper cycle: 1 year stocks and flows, *Ecological Economics*, 42, 27-42.
Spatari S, Bertram M, Gordon RB, Henderson K, Graedel TE (2005): Twentieth century copper stocks and flows in North America: A dynamic analysis, *Ecological Economics*, 54, 37-51.
田崎智宏, 小口正弘, 亀屋隆志, 浦野紘平 (2001)：使用済み耐久消費財の発生台数の予測方法, 廃棄物学会論文誌, 12(2), 49-58.
戸井朗人, 佐藤純一 (1997)：廃棄までの期間の分布を考慮したリサイクルシステムの解析的モデルの導出とその適用, エネルギー・資源, 18(3), 271-277.
Wang T, Mueller DB, Graedel TE (2007): Forging the anthropogenic iron cycle, *Environmental Science & Technology*, 41, 5120-5129.
Yokota K, Matsuno Y, Yamashita M, Adachi Y (2003): Integration of life cycle assessment and population balance model for assessing environmental impacts of product population in a social scale—Case studies for the global warming potential of air conditioners in Japan, *International Journal of LCA*, 8, 129-136.
Zeltner C, Bader H-P, Scheidegger R, Baccini P (1999): Sustainable metal management exemplified by copper in the USA, *Regional Environmental Change*, 1, 31-46.

3.2 マルコフ連鎖モデル事例研究
　　　——木材パルプのライフサイクル機能量解析

3.2.1 本節のねらい

　本節では，製品の寿命が短くリサイクル率の高い素材として紙製品の原料である木材パルプに注目し，2.4節にて解説したマルコフ連鎖モデルを適用し，木材パルプのライフサイクル機能量解析を行う事例研究を紹介する．

　紙の主原料であるパルプは，植物繊維から製造する代表的な再生可能資源である．また，紙として使用した後も製紙原料として再利用可能であり，資源の循環利用という点でもパルプは優れた素材といえる．製紙原料における古紙の利用率は，2003年で60.2％に達している（図3.2.1）．また，資源回収も活発に行われており，古紙回収率も70％を超えている（図3.2.2）．

　しかし，ゴミ減量化，省エネルギー，森林資源保全などの環境保全の観点や，カーボンニュートラルという特性を生かした紙の用途拡大，中国を中心とした紙需要の増加に伴う原材料の逼迫等の問題から，パルプの使用効率をさらに向上させることや，リサイクルの促進が求められている．

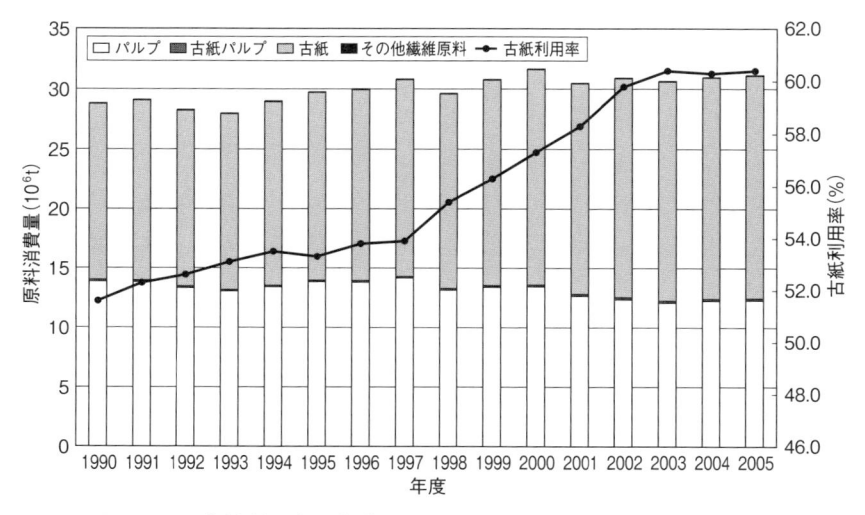

図3.2.1　古紙利用率の推移（(財)古紙再生促進センター，2004などより作成）

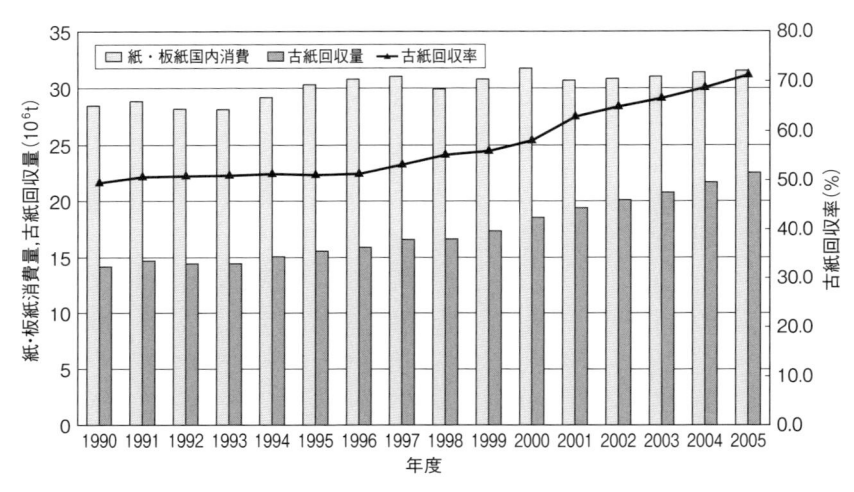

図 3.2.2　古紙回収率の推移　((財)古紙再生促進センター，2004 などより作成)

そこで，わが国における木材パルプのマテリアルフローにマルコフ連鎖モデルを適用し，木材パルプが社会に投入されてから廃棄あるいは輸出されるまでのライフサイクル機能量を求めてみよう．さらに，紙製品毎の材料パルプの使用回数を解析し，使用回数別の使用量比率を求めてみよう．

3.2.2　木材パルプのマテリアルフロー

木材パルプは，紙製品に加工され使用状態となった後，一部は古紙として回収され，一部は廃棄される．回収された古紙は，その紙の種類や状態によって分類され，一部は海外に輸出され，一部は国内の製紙会社に製紙原料として購入される．この，木材パルプ→紙製品→古紙→紙製品という木材パルプの状態推移のプロセスが一定であれば，ある状態から次の状態になる確率は，その状態により一意に決定される．このような構造はマルコフ性と呼ばれ，マルコフ連鎖モデルにより解析できる．そこで，ある年における木材パルプのマテリアルフローを評価するため，その状態推移のプロセスを一定としてマルコフ連鎖モデルを適用し，木材パルプの社会循環性の評価を行ってみよう．ここでは，日本国内における木材パルプの状態を，木材パルプ，洋

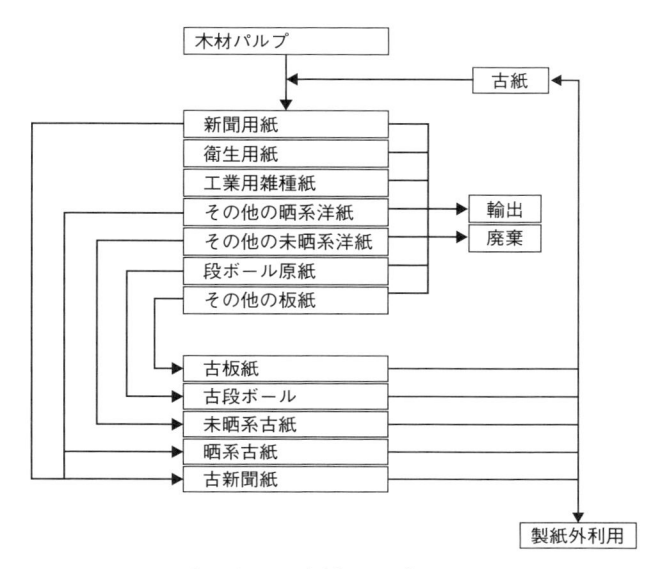

図 3.2.3　日本における木材パルプのマテリアルフロー

紙製品5種（新聞用紙，衛生用紙，工業用雑種紙，その他の晒系洋紙（印刷・情報用紙等），その他の未晒系洋紙（未晒包装紙）），板紙製品2種（段ボール原紙，その他の板紙），古紙5種（古新聞，晒系古紙（雑誌，模造・色上等），未晒系古紙（茶模造），古段ボール，古板紙），輸出，製紙外利用，廃棄の16の状態に分類する．

ライフサイクル機能量を算出する際に考慮する使用状態は，これらの「製品（洋紙製品5種，板紙製品2種），製紙外利用」の計8種の状態とする．

図 3.2.3 に上記 16 分類に基づくマテリアルフローを示す．

3.2.3　マテリアルフローに基づく状態推移表の作成

状態分類に基づき，パルプの状態推移表を作成しよう．以下に出てくる数値は，各種統計から入手したものを用いるが，その詳細は山田ら（2006）を参照されたい．

表 3.2.1(a)〜3.2.1(d) は，それぞれ 1988 年，1993 年，1998 年および 2003 年の統計値から作成した状態推移表である．各行で示す状態から列に示す状

態へ推移した量を示している．

第1行は，木材パルプの各状態への推移量を示している．値は各製品における木材パルプの消費量である．

第2行から第8行までは，各紙製品が古紙として回収される量，輸出される量および廃棄されている量を，製品から古紙への状態推移として表している．衛生用紙と工業用紙は，古紙として回収されることはないものとして全量廃棄としている．また，回収古紙の分類である古新聞には新聞紙とチラシ等の洋紙が混在している．チラシ等は晒系洋紙であるとして第7行から古新聞への推移量を考慮している．

第9行から第13行は，回収された古紙の使途を示している．第14行から第16行は，製紙外利用，廃棄，輸出の状態推移を示すが，それぞれ最終状態であり，状態の推移はないので，全要素を0とする．製紙外利用とは，梱包材等に用いられるパルプモールドや建材等での利用を想定し，古紙としての回収はないものと仮定して，最終状態とする．

3.2.4 状態推移確率行列の作成とライフサイクル機能量の算出

木材パルプの状態推移は，表3.2.1(a)～3.2.1(d)から得られる確率に基づき一意に決定されるとして，マルコフ連鎖モデルを適用する．

表3.2.1(a)～3.2.1(d)の各状態推移表の各成分をx_{ij}，その行和をX_i，最終状態Wを製紙外利用，廃棄，輸出の3状態として，式（2.4.3）に示すa_{ij}を各要素に持つ状態推移確率行列Aをそれぞれ求める（表3.2.2（a）～(d)）．

ここで，状態sから無限回の状態推移の後に，いずれかの最終状態jに推移する確率は，式（2.4.8）により表せる．

また，木材パルプが，ある初期状態sから無限回の状態推移により，最終状態に推移するまでの間に，状態uに存在した確率の和N_{su}は，式（2.4.14）により表せる．

木材パルプのライフサイクル機能量を，製品中のパルプとして使用された量，すなわち洋紙製品5種，板紙製品2種および最終状態である製紙外利用の状態に存在する確率の和とし，これら計8つの状態の集合をUと定義すると，初期状態sから無限回の推移により最終的に輸出または廃棄されるま

表 3.2.1(a)　日本における木材パルプの状態推移表（1988年）

(単位：kt)

	木材パルプ	新聞用紙	衛生用紙	工業用雑種紙	その他の晒系洋紙	その他の未晒系洋紙	段ボール原紙	その他の板紙	古新聞	晒系古紙	未晒系古紙	古段ボール	古板紙	製紙外利用	廃棄	輸出	合計
1 木材パルプ	0	1,810	400	1,038	6,907	604	1,242	659	0	0	0	0	0	0	0	0	12,660
2 新聞用紙	0	0	0	0	0	0	0	0	1,888	0	0	0	0	0	1,090	89	3,067
3 衛生用紙	0	0	0	0	0	0	0	0	0	0	0	0	0	0	1,281	0	1,281
4 工業用雑種紙	0	0	0	0	0	0	0	0	0	0	0	0	0	0	1,148	0	1,148
5 その他の晒系洋紙	0	0	0	0	0	0	0	0	1,016	3,135	0	0	0	0	3,754	283	8,188
6 その他の未晒系洋紙	0	0	0	0	0	0	0	0	0	0	451	0	0	0	202	6	659
7 段ボール原紙	0	0	0	0	0	0	0	0	0	0	0	5,244	0	0	1,770	89	7,103
8 その他の板紙	0	0	0	0	0	0	0	0	0	0	0	0	583	0	2,451	145	3,178
9 古新聞	0	1,282	0	10	775	0	161	551	0	0	0	0	0	0	0	1	2,781
10 晒系古紙	0	5	955	13	208	0	742	1,140	0	0	0	0	0	0	0	1	3,065
11 未晒系古紙	0	0	0	13	9	11	398	4	0	0	0	0	0	0	0	1	437
12 古段ボール	0	0	0	21	12	14	4,542	595	0	0	0	0	0	0	0	2	5,187
13 古板紙	0	0	0	2	0	0	264	294	0	0	0	0	0	0	0	1	560
14 製紙外利用	0	0	0	0	0	0	0	0	0	0	0	0	0	0	0	0	0
15 廃棄	0	0	0	0	0	0	0	0	0	0	0	0	0	0	0	0	0
16 輸出	0	0	0	0	0	0	0	0	0	0	0	0	0	0	0	0	0

表 3.2.1(b)　日本における木材パルプの状態推移表（1993年）

(単位：kt)

	木材パルプ	新聞用紙	衛生用紙	工業用雑種紙	その他の晒系洋紙	その他の未晒系洋紙	段ボール原紙	その他の板紙	古新聞	晒系古紙	未晒系古紙	古段ボール	古板紙	製紙外利用	廃棄	輸出	合計
1 木材パルプ	0	1,468	645	978	7,817	592	937	672	0	0	0	0	0	0	0	0	13,109
2 新聞用紙	0	0	0	0	0	0	0	0	2,226	0	0	0	0	0	632	59	2,917
3 衛生用紙	0	0	0	0	0	0	0	0	0	0	0	0	0	0	1,528	0	1,528
4 工業用雑種紙	0	0	0	0	0	0	0	0	0	0	0	0	0	0	1,092	0	1,092
5 その他の晒系洋紙	0	0	0	0	0	0	0	0	1,199	3,861	0	0	0	0	4,439	502	10,001
6 その他の未晒系洋紙	0	0	0	0	0	0	0	0	0	0	333	0	0	0	376	9	669
7 段ボール原紙	0	0	0	0	0	0	0	0	0	0	0	6,559	0	0	1,817	19	8,394
8 その他の板紙	0	0	0	0	0	0	0	0	0	0	0	0	544	0	2,477	144	3,165
9 古新聞	0	1,457	0	2	1,199	4	193	458	0	0	0	0	20	0	0	20	3,353
10 晒系古紙	0	2	915	17	412	7	1,069	1,317	0	0	0	0	23	0	0	23	3,784
11 未晒系古紙	0	0	0	0	8	13	290	25	0	0	0	0	2	0	0	1	339
12 古段ボール	0	0	0	7	1	0	6,039	475	0	0	0	0	39	0	0	0	6,561
13 古板紙	0	0	0	0	0	0	294	207	0	0	0	0	3	0	0	2	506
14 製紙外利用	0	0	0	0	0	0	0	0	0	0	0	0	0	0	0	0	0
15 廃棄	0	0	0	0	0	0	0	0	0	0	0	0	0	0	0	0	0
16 輸出	0	0	0	0	0	0	0	0	0	0	0	0	0	0	0	0	0

表 3.2.1(c)　日本における木材パルプの状態推移表（1998 年）

(単位：kt)

	木材パルプ	新聞用紙	衛生用紙	工業用雑種紙	その他の晒系洋紙	その他の未晒系洋紙	段ボール原紙	その他の板紙	古新聞	晒系古紙	未晒系古紙	古段ボール	古板紙	製紙外利用	廃棄	輸出	合計
1 木材パルプ	0	1,489	649	789	8,491	555	849	540	0	0	0	0	0	0	0	0	13,364
2 新聞用紙	0	0	0	0	0	0	0	0	2,519	0	0	0	0	0	656	90	3,265
3 衛生用紙	0	0	0	0	0	0	0	0	0	0	0	0	0	0	1,660	0	1,660
4 工業用雑種紙	0	0	0	0	0	0	0	0	0	0	0	0	0	0	899	0	899
5 その他の晒系洋紙	0	0	0	0	0	0	0	0	1,356	4,206	0	0	0	0	5,159	659	11,380
6 その他の未晒系洋紙	0	0	0	0	0	0	0	0	0	0	288	0	0	0	353	11	652
7 段ボール原紙	0	0	0	0	0	0	0	0	0	0	0	7,303	0	0	1,555	104	8,961
8 その他の板紙	0	0	0	0	0	0	0	0	0	0	0	0	538	0	2,319	212	3,069
9 古新聞	0	1,759	0	2	1,582	14	120	402	0	0	0	0	0	43	0	102	4,024
10 晒系古紙	0	2	1,030	4	412	3	1,281	1,506	0	0	0	0	0	47	0	117	4,402
11 未晒系古紙	0	0	0	0	6	10	248	23	0	0	0	0	0	3	0	13	303
12 古段ボール	0	0	0	4	1	1	6,786	485	0	0	0	0	0	82	0	264	7,622
13 古板紙	0	0	0	0	0	0	311	224	0	0	0	0	0	6	0	25	566
14 製紙外利用	0	0	0	0	0	0	0	0	0	0	0	0	0	0	0	0	0
15 廃棄	0	0	0	0	0	0	0	0	0	0	0	0	0	0	0	0	0
16 輸出	0	0	0	0	0	0	0	0	0	0	0	0	0	0	0	0	0

表 3.2.1(d)　日本における木材パルプの状態推移表（2003 年）

(単位：kt)

	木材パルプ	新聞用紙	衛生用紙	工業用雑種紙	その他の晒系洋紙	その他の未晒系洋紙	段ボール原紙	その他の板紙	古新聞	晒系古紙	未晒系古紙	古段ボール	古板紙	製紙外利用	廃棄	輸出	合計
1 木材パルプ	0	825	800	855	8,144	499	627	368	0	0	0	0	0	0	0	0	12,118
2 新聞用紙	0	0	0	0	0	0	0	0	2,913	0	0	0	0	0	389	250	3,552
3 衛生用紙	0	0	0	0	0	0	0	0	0	0	0	0	0	0	1,672	0	1,672
4 工業用雑種紙	0	0	0	0	0	0	0	0	0	0	0	0	0	0	986	0	986
5 その他の晒系洋紙	0	0	0	0	0	0	0	0	1,569	4,838	0	0	0	0	4,431	753	11,590
6 その他の未晒系洋紙	0	0	0	0	0	0	0	0	0	0	147	0	0	0	437	12	596
7 段ボール原紙	0	0	0	0	0	0	0	0	0	0	0	8,277	0	0	811	119	9,207
8 その他の板紙	0	0	0	0	0	0	0	0	0	0	0	0	498	0	2,223	132	2,853
9 古新聞	0	2,596	1	2	1,609	13	44	217	0	0	0	0	0	50	0	365	4,897
10 晒系古紙	0	301	838	4	895	2	1,132	1,739	0	0	0	0	0	54	0	440	5,406
11 未晒系古紙	0	0	0	0	7	11	116	16	0	0	0	0	0	2	0	0	152
12 古段ボール	0	0	0	2	1	1	7,738	463	0	0	0	0	0	91	0	886	9,181
13 古板紙	0	0	0	0	0	0	292	202	0	0	0	0	0	5	0	279	779
14 製紙外利用	0	0	0	0	0	0	0	0	0	0	0	0	0	0	0	0	0
15 廃棄	0	0	0	0	0	0	0	0	0	0	0	0	0	0	0	0	0
16 輸出	0	0	0	0	0	0	0	0	0	0	0	0	0	0	0	0	0

表 3.2.2(a)　日本における木材パルプの状態推移確率行列 A （1988 年）

	木材パルプ	新聞用紙	衛生用紙	工業用雑種紙	その他の晒系洋紙	その他の未晒系洋紙	段ボール原紙	その他の板紙	古新聞	晒系古紙	未晒系古紙	古段ボール	古板紙	製紙外利用	廃棄	輸出
1 木材パルプ	0.000	0.143	0.032	0.082	0.546	0.048	0.098	0.052	0.000	0.000	0.000	0.000	0.000	0.000	0.000	0.000
2 新聞用紙	0.000	0.000	0.000	0.000	0.000	0.000	0.000	0.000	0.615	0.000	0.000	0.000	0.000	0.000	0.356	0.029
3 衛生用紙	0.000	0.000	0.000	0.000	0.000	0.000	0.000	0.000	0.000	0.000	0.000	0.000	0.000	0.000	1.000	0.000
4 工業用雑種紙	0.000	0.000	0.000	0.000	0.000	0.000	0.000	0.000	0.000	0.000	0.000	0.000	0.000	0.000	1.000	0.000
5 その他の晒系洋紙	0.000	0.000	0.000	0.000	0.000	0.000	0.000	0.000	0.124	0.383	0.000	0.000	0.000	0.000	0.458	0.035
6 その他の未晒系洋紙	0.000	0.000	0.000	0.000	0.000	0.000	0.000	0.000	0.000	0.000	0.684	0.000	0.000	0.000	0.307	0.009
7 段ボール原紙	0.000	0.000	0.000	0.000	0.000	0.000	0.000	0.000	0.000	0.000	0.000	0.738	0.000	0.000	0.249	0.012
8 その他の板紙	0.000	0.000	0.000	0.000	0.000	0.000	0.000	0.000	0.000	0.000	0.000	0.000	0.183	0.000	0.771	0.046
9 古新聞	0.000	0.461	0.000	0.004	0.279	0.000	0.058	0.198	0.000	0.000	0.000	0.000	0.000	0.000	0.000	0.000
10 晒系古紙	0.000	0.002	0.311	0.004	0.068	0.000	0.242	0.372	0.000	0.000	0.000	0.000	0.000	0.000	0.000	0.000
11 未晒系古紙	0.000	0.000	0.000	0.030	0.021	0.025	0.911	0.010	0.000	0.000	0.000	0.000	0.000	0.000	0.000	0.002
12 古段ボール	0.000	0.000	0.000	0.004	0.002	0.003	0.876	0.115	0.000	0.000	0.000	0.000	0.000	0.000	0.000	0.000
13 古板紙	0.000	0.000	0.000	0.003	0.000	0.000	0.470	0.524	0.000	0.000	0.000	0.000	0.000	0.000	0.000	0.000
14 製紙外利用	0.000	0.000	0.000	0.000	0.000	0.000	0.000	0.000	0.000	0.000	0.000	0.000	0.000	0.000	0.000	0.000
15 廃棄	0.000	0.000	0.000	0.000	0.000	0.000	0.000	0.000	0.000	0.000	0.000	0.000	0.000	0.000	0.000	0.000
16 輸出	0.000	0.000	0.000	0.000	0.000	0.000	0.000	0.000	0.000	0.000	0.000	0.000	0.000	0.000	0.000	0.000

表 3.2.2(b)　日本における木材パルプの状態推移確率行列 A （1993 年）

	木材パルプ	新聞用紙	衛生用紙	工業用雑種紙	その他の晒系洋紙	その他の未晒系洋紙	段ボール原紙	その他の板紙	古新聞	晒系古紙	未晒系古紙	古段ボール	古板紙	製紙外利用	廃棄	輸出
1 木材パルプ	0.000	0.112	0.049	0.075	0.596	0.045	0.071	0.051	0.000	0.000	0.000	0.000	0.000	0.000	0.000	0.000
2 新聞用紙	0.000	0.000	0.000	0.000	0.000	0.000	0.000	0.000	0.763	0.000	0.000	0.000	0.000	0.000	0.217	0.020
3 衛生用紙	0.000	0.000	0.000	0.000	0.000	0.000	0.000	0.000	0.000	0.000	0.000	0.000	0.000	0.000	1.000	0.000
4 工業用雑種紙	0.000	0.000	0.000	0.000	0.000	0.000	0.000	0.000	0.000	0.000	0.000	0.000	0.000	0.000	1.000	0.000
5 その他の晒系洋紙	0.000	0.000	0.000	0.000	0.000	0.000	0.000	0.000	0.120	0.386	0.000	0.000	0.000	0.000	0.444	0.050
6 その他の未晒系洋紙	0.000	0.000	0.000	0.000	0.000	0.000	0.000	0.000	0.000	0.000	0.498	0.000	0.000	0.000	0.488	0.014
7 段ボール原紙	0.000	0.000	0.000	0.000	0.000	0.000	0.000	0.000	0.000	0.000	0.000	0.781	0.000	0.000	0.216	0.002
8 その他の板紙	0.000	0.000	0.000	0.000	0.000	0.000	0.000	0.000	0.000	0.000	0.000	0.000	0.172	0.000	0.783	0.045
9 古新聞	0.000	0.435	0.000	0.000	0.358	0.001	0.057	0.136	0.000	0.000	0.000	0.000	0.000	0.006	0.000	0.006
10 晒系古紙	0.000	0.000	0.242	0.005	0.109	0.002	0.283	0.348	0.000	0.000	0.000	0.000	0.000	0.006	0.000	0.006
11 未晒系古紙	0.000	0.000	0.000	0.000	0.023	0.038	0.855	0.074	0.000	0.000	0.000	0.000	0.000	0.006	0.000	0.003
12 古段ボール	0.000	0.000	0.000	0.001	0.000	0.000	0.920	0.072	0.000	0.000	0.000	0.000	0.000	0.006	0.000	0.000
13 古板紙	0.000	0.000	0.000	0.000	0.000	0.000	0.581	0.409	0.000	0.000	0.000	0.000	0.000	0.006	0.000	0.004
14 製紙外利用	0.000	0.000	0.000	0.000	0.000	0.000	0.000	0.000	0.000	0.000	0.000	0.000	0.000	0.000	0.000	0.000
15 廃棄	0.000	0.000	0.000	0.000	0.000	0.000	0.000	0.000	0.000	0.000	0.000	0.000	0.000	0.000	0.000	0.000
16 輸出	0.000	0.000	0.000	0.000	0.000	0.000	0.000	0.000	0.000	0.000	0.000	0.000	0.000	0.000	0.000	0.000

表 3.2.2(c)　日本における木材パルプの状態推移確率行列 A（1998 年）

	木材パルプ	新聞用紙	衛生用紙	工業用雑種紙	その他の晒系洋紙	その他の未晒系洋紙	段ボール原紙	その他の板紙	古新聞	晒系古紙	未晒系古紙	古段ボール	古板紙	製紙外利用	廃棄	輸出
1 木材パルプ	0.000	0.111	0.049	0.059	0.635	0.042	0.064	0.040	0.000	0.000	0.000	0.000	0.000	0.000	0.000	0.000
2 新聞用紙	0.000	0.000	0.000	0.000	0.000	0.000	0.000	0.000	0.772	0.000	0.000	0.000	0.000	0.000	0.201	0.028
3 衛生用紙	0.000	0.000	0.000	0.000	0.000	0.000	0.000	0.000	0.000	0.000	0.000	0.000	0.000	0.000	1.000	0.000
4 工業用雑種紙	0.000	0.000	0.000	0.000	0.000	0.000	0.000	0.000	0.000	0.000	0.000	0.000	0.000	0.000	1.000	0.000
5 その他の晒系洋紙	0.000	0.000	0.000	0.000	0.000	0.000	0.119	0.370	0.000	0.000	0.000	0.000	0.000	0.000	0.453	0.058
6 その他の未晒系洋紙	0.000	0.000	0.000	0.000	0.000	0.000	0.000	0.000	0.000	0.000	0.442	0.000	0.000	0.000	0.542	0.016
7 段ボール原紙	0.000	0.000	0.000	0.000	0.000	0.000	0.000	0.000	0.000	0.000	0.000	0.815	0.000	0.000	0.173	0.012
8 その他の板紙	0.000	0.000	0.000	0.000	0.000	0.000	0.000	0.000	0.000	0.000	0.000	0.000	0.175	0.000	0.755	0.069
9 古新聞	0.000	0.437	0.000	0.000	0.393	0.004	0.030	0.100	0.000	0.000	0.000	0.000	0.000	0.011	0.000	0.025
10 晒系古紙	0.000	0.000	0.234	0.001	0.094	0.001	0.291	0.342	0.000	0.000	0.000	0.000	0.000	0.011	0.000	0.026
11 未晒系古紙	0.000	0.000	0.000	0.000	0.019	0.033	0.818	0.076	0.000	0.000	0.000	0.000	0.000	0.011	0.000	0.043
12 古段ボール	0.000	0.000	0.000	0.000	0.001	0.000	0.890	0.064	0.000	0.000	0.000	0.000	0.000	0.011	0.000	0.035
13 古板紙	0.000	0.000	0.000	0.000	0.000	0.000	0.550	0.395	0.000	0.000	0.000	0.000	0.000	0.011	0.000	0.044
14 製紙外利用	0.000	0.000	0.000	0.000	0.000	0.000	0.000	0.000	0.000	0.000	0.000	0.000	0.000	0.000	0.000	0.000
15 廃棄	0.000	0.000	0.000	0.000	0.000	0.000	0.000	0.000	0.000	0.000	0.000	0.000	0.000	0.000	0.000	0.000
16 輸出	0.000	0.000	0.000	0.000	0.000	0.000	0.000	0.000	0.000	0.000	0.000	0.000	0.000	0.000	0.000	0.000

表 3.2.2(d)　日本における木材パルプの状態推移確率行列 A（2003 年）

	木材パルプ	新聞用紙	衛生用紙	工業用雑種紙	その他の晒系洋紙	その他の未晒系洋紙	段ボール原紙	その他の板紙	古新聞	晒系古紙	未晒系古紙	古段ボール	古板紙	製紙外利用	廃棄	輸出
1 木材パルプ	0.000	0.068	0.066	0.071	0.672	0.041	0.052	0.030	0.000	0.000	0.000	0.000	0.000	0.000	0.000	0.000
2 新聞用紙	0.000	0.000	0.000	0.000	0.000	0.000	0.000	0.000	0.820	0.000	0.000	0.000	0.000	0.000	0.110	0.070
3 衛生用紙	0.000	0.000	0.000	0.000	0.000	0.000	0.000	0.000	0.000	0.000	0.000	0.000	0.000	0.000	1.000	0.000
4 工業用雑種紙	0.000	0.000	0.000	0.000	0.000	0.000	0.000	0.000	0.000	0.000	0.000	0.000	0.000	0.000	1.000	0.000
5 その他の晒系洋紙	0.000	0.000	0.000	0.000	0.000	0.000	0.135	0.417	0.000	0.000	0.000	0.000	0.000	0.000	0.382	0.065
6 その他の未晒系洋紙	0.000	0.000	0.000	0.000	0.000	0.000	0.000	0.000	0.000	0.000	0.247	0.000	0.000	0.000	0.734	0.019
7 段ボール原紙	0.000	0.000	0.000	0.000	0.000	0.000	0.000	0.000	0.000	0.000	0.000	0.899	0.000	0.000	0.088	0.013
8 その他の板紙	0.000	0.000	0.000	0.000	0.000	0.000	0.000	0.000	0.000	0.000	0.000	0.000	0.175	0.000	0.779	0.046
9 古新聞	0.000	0.530	0.000	0.000	0.329	0.003	0.009	0.044	0.000	0.000	0.000	0.000	0.000	0.010	0.000	0.075
10 晒系古紙	0.000	0.056	0.155	0.001	0.166	0.000	0.209	0.322	0.000	0.000	0.000	0.000	0.000	0.010	0.000	0.081
11 未晒系古紙	0.000	0.000	0.000	0.000	0.044	0.072	0.767	0.106	0.000	0.000	0.000	0.000	0.000	0.011	0.000	0.000
12 古段ボール	0.000	0.000	0.000	0.000	0.000	0.000	0.843	0.050	0.000	0.000	0.000	0.000	0.000	0.011	0.000	0.096
13 古板紙	0.000	0.000	0.000	0.000	0.000	0.000	0.375	0.259	0.000	0.000	0.000	0.000	0.000	0.007	0.000	0.358
14 製紙外利用	0.000	0.000	0.000	0.000	0.000	0.000	0.000	0.000	0.000	0.000	0.000	0.000	0.000	0.000	0.000	0.000
15 廃棄	0.000	0.000	0.000	0.000	0.000	0.000	0.000	0.000	0.000	0.000	0.000	0.000	0.000	0.000	0.000	0.000
16 輸出	0.000	0.000	0.000	0.000	0.000	0.000	0.000	0.000	0.000	0.000	0.000	0.000	0.000	0.000	0.000	0.000

での国内でのライフサイクル機能量 N は式（2.4.15）により算出できる．

ここまで，輸出を最終状態としてきたが，古紙は資源として輸出され，輸出先においても使用される．そこで，輸出先における使用についても考慮することとする．輸出先と日本国内の使用状態は異なるが，輸出先毎に詳細なマテリアルフローを把握するのは現実的ではない．また，最終状態としての輸出の割合も 21% 程度なので，輸出先における使用状況と国内の使用状況の差により生じる影響は小さいと考えられる．本研究では，輸出先においても国内と同じ状態推移確率により使用されると仮定する．この場合，「輸出」という状態は次の状態との間のプロセスでしかないので，削除することができる．具体的には，次の手順による．

まず，表 3.2.1(a)～(d) において，輸出の行および列を削除し，行和を再計算する．式（2.4.3），式（2.4.4）により，状態推移確率行列 B を作成する．あとは同様の手順で計算する．

上記手順で求めた，1988 年，1993 年，1998 年および 2003 年の状態推移確率行列 B を表 3.2.3(a)～(d) に示す．

3.2.5　素材の使用回数別割合

ここで作成した状態推移確率行列 A, B は，パルプから紙製品という状態への推移（推移 1），紙製品から使用済み紙製品への推移（推移 2），使用済み紙製品から紙製品への推移（推移 3）という状態推移を表しており，木材パルプは，推移 1，推移 2，推移 3 を経た後，推移 2 と推移 3 を交互に繰り返していく．推移 3 はリサイクルを表している．状態推移確率行列 A の例で示すと，はじめの 2 回の推移，すなわち A, A^2 で使用状態にある確率の和が「初めての使用」であり，3 回目，4 回目の推移（A^3, A^4）で使用状態にある確率の和がリサイクルを 1 回経た「2 度目の使用」，5 回目，6 回目（A^5, A^6）で使用状態にある確率の和がリサイクルを 2 回経た「3 度目の使用」である．したがって，使用 n 回目のパルプの平均使用回数 t_{nu} は，式（3.2.1）で示される．

式（2.4.15）で求められるライフサイクル機能量と，下記の式（3.2.1）で求める使用回数毎のライフサイクル機能量の比により，使用回数別の素材の

表 3.2.3(a)　日本における木材パルプの状態推移確率行列 B（1988 年）

	木材パルプ	新聞用紙	衛生用紙	工業用雑種紙	その他の晒系洋紙	その他の未晒系洋紙	段ボール原紙	その他の板紙	古新聞	晒系古紙	未晒系古紙	古段ボール	古板紙	製紙外利用	廃棄
1 木材パルプ	0.000	0.143	0.032	0.082	0.546	0.048	0.098	0.052	0.000	0.000	0.000	0.000	0.000	0.000	0.000
2 新聞用紙	0.000	0.000	0.000	0.000	0.000	0.000	0.000	0.000	0.634	0.000	0.000	0.000	0.000	0.000	0.366
3 衛生用紙	0.000	0.000	0.000	0.000	0.000	0.000	0.000	0.000	0.000	0.000	0.000	0.000	0.000	0.000	1.000
4 工業用雑種紙	0.000	0.000	0.000	0.000	0.000	0.000	0.000	0.000	0.000	0.000	0.000	0.000	0.000	0.000	1.000
5 その他の晒系洋紙	0.000	0.000	0.000	0.000	0.000	0.000	0.129	0.397	0.000	0.000	0.000	0.000	0.000	0.000	0.475
6 その他の未晒系洋紙	0.000	0.000	0.000	0.000	0.000	0.000	0.000	0.000	0.000	0.000	0.691	0.000	0.000	0.000	0.309
7 段ボール原紙	0.000	0.000	0.000	0.000	0.000	0.000	0.000	0.000	0.000	0.000	0.000	0.748	0.000	0.000	0.252
8 その他の板紙	0.000	0.000	0.000	0.000	0.000	0.000	0.000	0.000	0.000	0.000	0.000	0.000	0.192	0.000	0.808
9 古新聞	0.000	0.461	0.000	0.004	0.279	0.000	0.058	0.198	0.000	0.000	0.000	0.000	0.000	0.000	0.000
10 晒系古紙	0.000	0.002	0.312	0.004	0.068	0.000	0.242	0.372	0.000	0.000	0.000	00.000	0.000	0.000	0.000
11 未晒系古紙	0.000	0.000	0.000	0.030	0.021	0.026	0.913	0.010	0.000	0.000	0.000	0.000	0.000	0.000	0.000
12 古段ボール	0.000	0.000	0.000	0.004	0.002	0.003	0.876	0.115	0.000	0.000	0.000	0.000	0.000	0.000	0.000
13 古板紙	0.000	0.000	0.000	0.003	0.000	0.000	0.471	0.525	0.000	0.000	0.000	0.000	0.000	0.000	0.000
14 製紙外利用	0.000	0.000	0.000	0.000	0.000	0.000	0.000	0.000	0.000	0.000	0.000	0.000	0.000	0.000	1.000
15 廃棄	0.000	0.000	0.000	0.000	0.000	0.000	0.000	0.000	0.000	0.000	0.000	0.000	0.000	0.000	0.000

表 3.2.3(b)　日本における木材パルプの状態推移確率行列 B（1993 年）

	木材パルプ	新聞用紙	衛生用紙	工業用雑種紙	その他の晒系洋紙	その他の未晒系洋紙	段ボール原紙	その他の板紙	古新聞	晒系古紙	未晒系古紙	古段ボール	古板紙	製紙外利用	廃棄
1 木材パルプ	0.000	0.112	0.049	0.075	0.596	0.045	0.071	0.051	0.000	0.000	0.000	0.000	0.000	0.000	0.000
2 新聞用紙	0.000	0.000	0.000	0.000	0.000	0.000	0.000	0.000	0.779	0.000	0.000	0.000	0.000	0.000	0.221
3 衛生用紙	0.000	0.000	0.000	0.000	0.000	0.000	0.000	0.000	0.000	0.000	0.000	0.000	0.000	0.000	1.000
4 工業用雑種紙	0.000	0.000	0.000	0.000	0.000	0.000	0.000	0.000	0.000	0.000	0.000	0.000	0.000	0.000	1.000
5 その他の晒系洋紙	0.000	0.000	0.000	0.000	0.000	0.000	0.126	0.406	0.000	0.000	0.000	0.000	0.000	0.000	0.467
6 その他の未晒系洋紙	0.000	0.000	0.000	0.000	0.000	0.000	0.000	0.000	0.000	0.000	0.505	0.000	0.000	0.000	0.495
7 段ボール原紙	0.000	0.000	0.000	0.000	0.000	0.000	0.000	0.000	0.000	0.000	0.000	0.783	0.000	0.000	0.217
8 その他の板紙	0.000	0.000	0.000	0.000	0.000	0.000	0.000	0.000	0.000	0.000	0.000	0.000	0.180	0.000	0.820
9 古新聞	0.000	0.437	0.000	0.000	0.360	0.001	0.058	0.137	0.000	0.000	0.000	0.000	0.000	0.006	0.000
10 晒系古紙	0.000	0.000	0.243	0.005	0.109	0.002	0.284	0.350	0.000	0.000	0.000	0.000	0.000	0.006	0.000
11 未晒系古紙	0.000	0.000	0.000	0.000	0.023	0.038	0.858	0.074	0.000	0.000	0.000	0.000	0.000	0.006	0.000
12 古段ボール	0.000	0.000	0.000	0.000	0.001	0.000	0.920	0.072	0.000	0.000	0.000	0.000	0.000	0.006	0.000
13 古板紙	0.000	0.000	0.000	0.000	0.000	0.000	0.583	0.411	0.000	0.000	0.000	0.000	0.000	0.006	0.000
14 製紙外利用	0.000	0.000	0.000	0.000	0.000	0.000	0.000	0.000	0.000	0.000	0.000	0.000	0.000	0.000	0.000
15 廃棄	0.000	0.000	0.000	0.000	0.000	0.000	0.000	0.000	0.000	0.000	0.000	0.000	0.000	0.000	0.000

表 3.2.3(c)　日本における木材パルプの状態推移確率行列 B（1998 年）

	木材パルプ	新聞用紙	衛生用紙	工業用雑種紙	その他の晒系洋紙	その他の未晒系洋紙	段ボール原紙	その他の板紙	古新聞	晒系古紙	未晒系古紙	古段ボール	古板紙	製紙外利用	廃棄
1 木材パルプ	0.000	0.111	0.049	0.059	0.635	0.042	0.064	0.040	0.000	0.000	0.000	0.000	0.000	0.000	0.000
2 新聞用紙	0.000	0.000	0.000	0.000	0.000	0.000	0.000	0.000	0.793	0.000	0.000	0.000	0.000	0.000	0.207
3 衛生用紙	0.000	0.000	0.000	0.000	0.000	0.000	0.000	0.000	0.000	0.000	0.000	0.000	0.000	0.000	1.000
4 工業用雑種紙	0.000	0.000	0.000	0.000	0.000	0.000	0.000	0.000	0.000	0.000	0.000	0.000	0.000	0.000	1.000
5 その他の晒系洋紙	0.000	0.000	0.000	0.000	0.000	0.000	0.000	0.000	0.127	0.392	0.000	0.000	0.000	0.000	0.481
6 その他の未晒系洋紙	0.000	0.000	0.000	0.000	0.000	0.000	0.000	0.000	0.000	0.000	0.449	0.000	0.000	0.000	0.551
7 段ボール原紙	0.000	0.000	0.000	0.000	0.000	0.000	0.000	0.000	0.000	0.000	0.000	0.824	0.000	0.000	0.176
8 その他の板紙	0.000	0.000	0.000	0.000	0.000	0.000	0.000	0.000	0.000	0.000	0.000	0.000	0.188	0.000	0.812
9 古新聞	0.000	0.448	0.000	0.000	0.403	0.004	0.031	0.102	0.000	0.000	0.000	0.000	0.000	0.011	0.000
10 晒系古紙	0.000	0.000	0.240	0.001	0.096	0.001	0.299	0.351	0.000	0.000	0.000	0.000	0.000	0.011	0.000
11 未晒系古紙	0.000	0.000	0.000	0.000	0.000	0.020	0.034	0.856	0.079	0.000	0.000	0.000	0.000	0.011	0.000
12 古段ボール	0.000	0.000	0.000	0.000	0.001	0.000	0.922	0.066	0.000	0.000	0.000	0.000	0.000	0.011	0.000
13 古板紙	0.000	0.000	0.000	0.000	0.000	0.000	0.575	0.414	0.000	0.000	0.000	0.000	0.000	0.011	0.000
14 製紙外利用	0.000	0.000	0.000	0.000	0.000	0.000	0.000	0.000	0.000	0.000	0.000	0.000	0.000	0.000	0.000
15 廃棄	0.000	0.000	0.000	0.000	0.000	0.000	0.000	0.000	0.000	0.000	0.000	0.000	0.000	0.000	0.000

表 3.2.3(d)　日本における木材パルプの状態推移確率行列 B（2003 年）

	木材パルプ	新聞用紙	衛生用紙	工業用雑種紙	その他の晒系洋紙	その他の未晒系洋紙	段ボール原紙	その他の板紙	古新聞	晒系古紙	未晒系古紙	古段ボール	古板紙	製紙外利用	廃棄
1 木材パルプ	0.000	0.068	0.066	0.071	0.672	0.041	0.052	0.030	0.000	0.000	0.000	0.000	0.000	0.000	0.000
2 新聞用紙	0.000	0.000	0.000	0.000	0.000	0.000	0.000	0.000	0.882	0.000	0.000	0.000	0.000	0.000	0.118
3 衛生用紙	0.000	0.000	0.000	0.000	0.000	0.000	0.000	0.000	0.000	0.000	0.000	0.000	0.000	0.000	1.000
4 工業用雑種紙	0.000	0.000	0.000	0.000	0.000	0.000	0.000	0.000	0.000	0.000	0.000	0.000	0.000	0.000	1.000
5 その他の晒系洋紙	0.000	0.000	0.000	0.000	0.000	0.000	0.000	0.000	0.145	0.446	0.000	0.000	0.000	0.000	0.409
6 その他の未晒系洋紙	0.000	0.000	0.000	0.000	0.000	0.000	0.000	0.000	0.000	0.000	0.251	0.000	0.000	0.000	0.749
7 段ボール原紙	0.000	0.000	0.000	0.000	0.000	0.000	0.000	0.000	0.000	0.000	0.000	0.911	0.000	0.000	0.089
8 その他の板紙	0.000	0.000	0.000	0.000	0.000	0.000	0.000	0.000	0.000	0.000	0.000	0.000	0.183	0.000	0.817
9 古新聞	0.000	0.573	0.000	0.000	0.355	0.003	0.010	0.048	0.000	0.000	0.000	0.000	0.000	0.011	0.000
10 晒系古紙	0.000	0.061	0.169	0.001	0.180	0.000	0.228	0.350	0.000	0.000	0.000	0.000	0.000	0.011	0.000
11 未晒系古紙	0.000	0.000	0.000	0.000	0.044	0.072	0.767	0.106	0.000	0.000	0.000	0.000	0.000	0.011	0.000
12 古段ボール	0.000	0.000	0.000	0.000	0.000	0.000	0.933	0.056	0.000	0.000	0.000	0.000	0.000	0.011	0.000
13 古板紙	0.000	0.000	0.000	0.000	0.000	0.000	0.585	0.404	0.000	0.000	0.000	0.000	0.000	0.011	0.000
14 製紙外利用	0.000	0.000	0.000	0.000	0.000	0.000	0.000	0.000	0.000	0.000	0.000	0.000	0.000	0.000	0.000
15 廃棄	0.000	0.000	0.000	0.000	0.000	0.000	0.000	0.000	0.000	0.000	0.000	0.000	0.000	0.000	0.000

構成比 r_{nu} を算出する（式（3.2.2））．

$$t_{nu} = \sum_{u \in U} \left[\sum_{k=2n-1}^{2n} A^k \right]_{su} \qquad 式（3.2.1）$$

$$r_{nu} = t_{nu}/N_{su} \qquad 式（3.2.2）$$

また，素材全体における使用回数別の素材の構成比は，下記の式（3.2.3），式（3.2.4）で求められる．

$$t_n = \sum_{u \in U} \left[\sum_{k=2n-1}^{2n} A^k \right]_{su} \qquad 式（3.2.3）$$

$$r_n = t_n/N \qquad 式（3.2.4）$$

3.2.6 感度解析

このマルコフ連鎖モデルを応用し，今後の古紙使用率の増加が木材パルプのライフサイクル機能量に及ぼす影響について解析を行うことも可能である．以下のように状態推移表に変化を与えることで，感度分析を行うことができる．

1) 2003年のマテリアルフローを基準とし，紙・板紙の生産量等は不変とする．
2) 古紙消費量の増加にあわせて木材パルプの消費量を削減するとする．ただし，製紙プロセスにおける古紙の歩留まりを考慮し，木材パルプ消費の削減量は古紙消費量増分の90%とする．状態推移表では，第1行の木材パルプの状態推移量を操作する．
3) 消費量を増加する古紙の品種は晒系古紙とし，その消費増加分は，晒系洋紙の回収率向上により供給することにする．すなわち，状態推移表第5行の晒系洋紙において，晒系古紙への推移量を「増加する消費量に等しい量」だけ増加させ，廃棄への推移量を同量分減じる．なお，これは，回収率向上の余地があるとされている「オフィスペーパー」の回収率向上を想定する（（財）古紙再生促進センター，2003）．
4) 状態推移表第10行の晒系古紙において，古紙消費量を増加させる製品への推移量を増加させる．

5) 操作した状態推移表から状態推移確率行列を作成し，ライフサイクル機能量を算出する．

3.2.7 解析結果（日本国内における木材パルプのライフサイクル機能量）

解析結果を表 3.2.4 に示す．木材パルプのライフサイクル機能量は 2.16 kg/kg であった．

ただし，これらのライフサイクル機能量は国内で廃棄される前に輸出されることも考慮されており，輸出先における使用は対象としていない．国内で廃棄される前に輸出される割合は，0.21 である．

紙製品や古紙の輸出量は，短期間で大きく変動する上に，その輸出量と国内の生産・消費構造との相関は小さい．そこで本研究において，日本におけるライフサイクル機能量の経年変化を考察する場合は，輸出を解析上考慮しないものとした．すなわち，輸出されなくても国内で最終状態に推移する，あるいは輸出先においても日本と同じ生産・消費構造があるものと仮定し，輸出項を除去した状態推移確率行列 B で解析を行った．解析結果を表 3.2.5 に示す．2003 年における木材パルプのライフサイクル機能量は 3.01 kg/kg となった．図 3.2.4 にライフサイクル機能量，木材パルプの消費量および紙・板紙製品の生産量を示す．

日本における紙・板紙生産量の伸びに比べ，木材パルプの消費量は減少しており，産業界の省資源化の努力が現れている．ライフサイクル機能量は，1988 年の 2.08 回から，2003 年の 3.01 回まで大きく向上している．内訳を見ると，段ボール用紙におけるライフサイクル機能量向上の寄与度が大きい．段ボールの古紙利用率は 1988 年においても高かったが，2003 年までにさらに増加している（1988 年 82.4％，2003 年 92.3％）（（財）古紙再生促進センター，2004）．加えて，使用する古紙の品種では古段ボールの使用率が高いことから，他の紙・板紙製品よりも古紙利用率の増加がライフサイクル機能量の増加に結びつきやすい傾向があると考えられる．

3.2.8 解析結果（原料パルプの使用回数）

状態推移確率行列 A, B に，式（3.2.2），式（3.2.4）を適用し，原料パルプ

表3.2.4 日本における木材パルプのライフサイクル機能量

年	1988年	1993年	1998年	2003年
木材パルプのライフサイクル機能量	2.02	2.18	2.14	2.16
洋紙におけるライフサイクル機能量	1.12	1.18	1.21	1.33
新聞用紙	0.25	0.22	0.23	0.26
衛生用紙	0.11	0.12	0.11	0.12
工業用雑種紙	0.09	0.08	0.06	0.07
その他の晒系洋紙	0.63	0.72	0.77	0.84
その他の未晒系洋紙	0.05	0.05	0.04	0.04
板紙におけるライフサイクル機能量	0.90	0.99	0.91	0.81
段ボール原紙	0.63	0.74	0.69	0.61
その他の板紙	0.27	0.24	0.22	0.20
製紙外利用	0.00	0.01	0.01	0.01
最終状態の確率	1.00	1.00	1.00	1.00
製紙外利用	0.00	0.01	0.01	0.01
輸出	0.05	0.06	0.11	0.21
廃棄	0.95	0.94	0.88	0.78

表3.2.5 日本における木材パルプのライフサイクル機能量（輸出項無しの場合）

年	1988年	1993年	1998年	2003年
木材パルプのライフサイクル機能量	2.08	2.25	2.38	3.01
洋紙におけるライフサイクル機能量	1.13	1.20	1.25	1.48
新聞用紙	0.26	0.23	0.24	0.34
衛生用紙	0.11	0.12	0.12	0.13
工業用雑種紙	0.09	0.08	0.06	0.07
その他の晒系洋紙	0.63	0.73	0.78	0.90
その他の未晒系洋紙	0.05	0.05	0.04	0.04
板紙におけるライフサイクル機能量	0.95	1.04	1.11	1.50
段ボール原紙	0.67	0.78	0.87	1.23
その他の板紙	0.28	0.26	0.25	0.27
製紙外利用	0.00	0.01	0.02	0.02
最終状態の確率	1.00	1.00	1.00	1.00
製紙外利用	0.00	0.01	0.02	0.02
廃棄	1.00	0.99	0.98	0.98

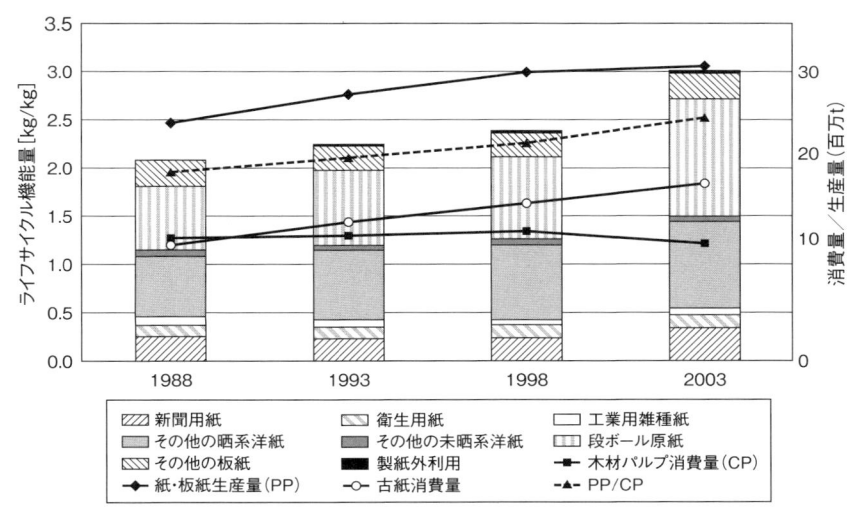

図3.2.4 日本における木材パルプのライフサイクル機能量の推移

の使用回数別構成比を解析した．素材全体（合計），各製品（使用状態）毎，それぞれの解析結果を示す．状態推移確率行列 A の解析結果を図3.2.5に，状態推移確率行列 B の解析結果を図3.2.6に示す．

新聞用紙は古紙利用の進展が著しい．2003年の新聞用紙の古紙使用比率は，50％に満たなかった1988年に比べ，大きく増加し，使用3回目以上のパルプの割合が50％近い割合となっている．

衛生用紙の古紙使用率は低下している．使用している古紙も使用2回目（リサイクル1回）の割合が高く，使用1回目（木材パルプ（バージンパルプ））と2回目で全体の90％近くに達する．衛生用紙は，使用後回収されることが無い上に，原料も古紙利用の割合が小さい構造となっており，パルプのライフサイクル機能量向上を抑制する要因になっていると思われる．使用3回目以上のパルプの割合が微増しているのは，紙製品全体のリサイクルの進展が影響しているためと考えられる．

また，洋紙では最大の生産量を占める印刷・情報用紙等のその他の晒系洋紙は，木材パルプの使用比率が高い．木材パルプの使用比率は低下傾向にあ

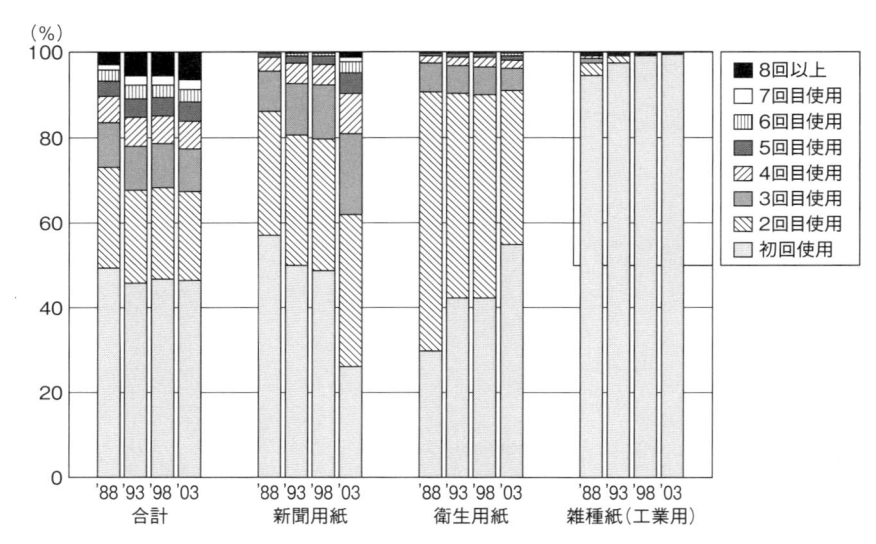

図 3.2.5(a)　紙製品の原料パルプにおける使用回数別消費量の割合

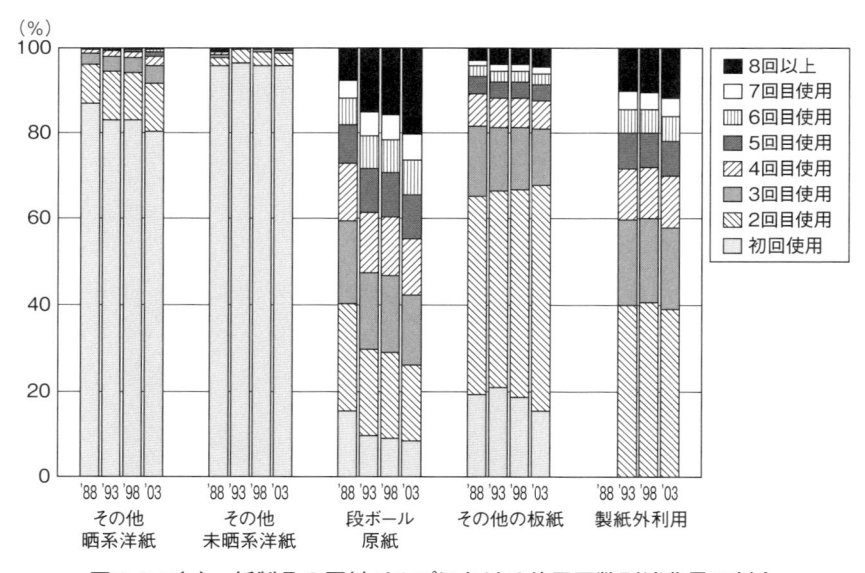

図 3.2.5(b)　紙製品の原料パルプにおける使用回数別消費量の割合

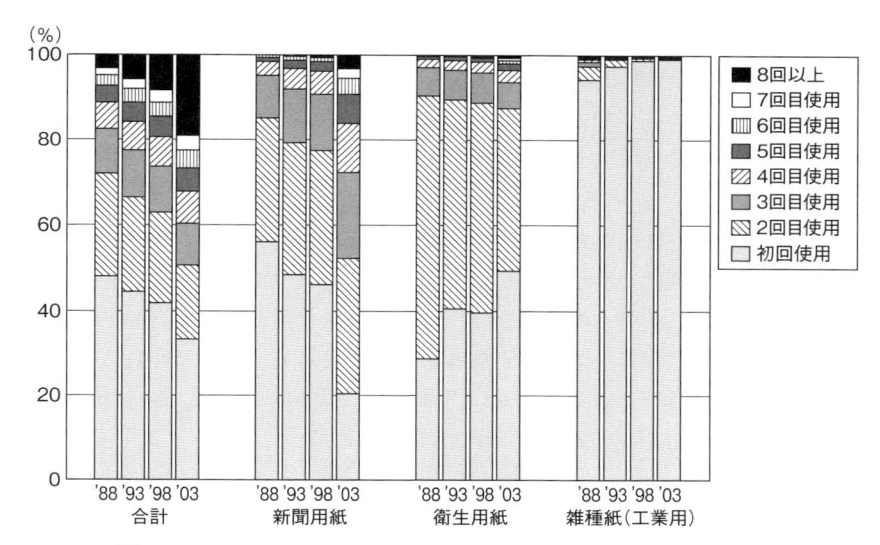

図 3.2.6(a)　紙製品の原料パルプにおける使用回数別消費量の割合（輸出先の使用も考慮）

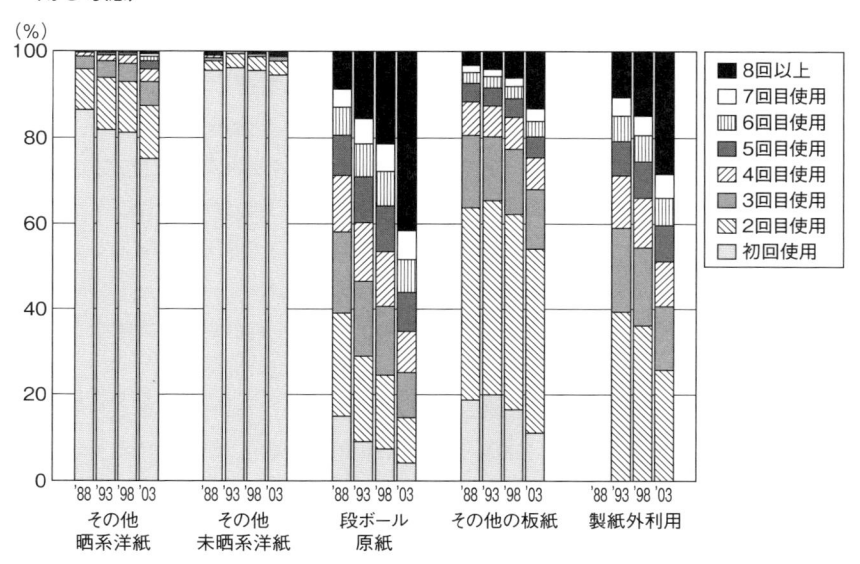

図 3.2.6(b)　紙製品の原料パルプにおける使用回数別消費量の割合（輸出先の使用も考慮）

3.2　マルコフ連鎖モデル事例研究

るものの，依然として 70% に近い値を示している．使用 3 回目以上のパルプの比率も 10% 程度である．

一方，段ボール原紙ではまったく別の様相を示す．板紙生産量の 8 割近くを占める段ボール原紙では，1988 年においても古紙使用率が高かったが，2003 年には木材パルプ消費量も 1988 年に比べ半減，使用パルプの内訳も使用 6 回目以上のパルプの比率が 50% を越える結果となった．しかしながら，リサイクルの過程においてパルプ繊維の構造が変化することや繊維表面の不活性化が生じること等が，先行研究により指摘されており，これ以上の古紙消費の推進には，限界が生じる可能性がある．限界となる使用回数については，より詳細な検討が必要である（山岸・大江，1981；岡山ら，1981, 1982a, b; Howard & Bichard, 1992; Nazhad & Paszner, 1994）．

3.2.9　解析結果（感度解析：印刷・情報用紙における古紙消費率の増加が及ぼす影響）

ここで，感度分析の一例として，生産量が大きく，古紙利用が進んでいないとされる印刷・情報用紙における古紙消費量の増加が，ライフサイクル機能量に及ぼす影響について解析してみよう．印刷・情報用紙は，ここでは，「その他の晒系洋紙」に分類しており，その約 96% を占める．

ここで，古紙消費量/生産量を当該製品における古紙消費率と定義する．

印刷・情報用紙の古紙消費率を 2003 年実績値 22.3% から 25.0% まで増加した場合（約 30 万 t の古紙消費量の増加に相当），30.0% まで増加した場合，40.0% まで増加した場合の解析結果を表 3.2.6 に示す．

古紙消費量の増加に伴い，ライフサイクル機能量は増加する．古紙消費率 40.0% でのライフサイクル機能量は 3.61（kg/kg）となる．

内訳を見ると，古紙消費量を増加させた晒系洋紙におけるライフサイクル機能量の増加が最も大きく，2003 年実績で 0.90（kg/kg）であったものが，古紙消費率 40.0% では 1.08（kg/kg）に達することになる．また，回収量を増やした晒系洋紙（古紙）は，印刷・情報用紙での使用を経た後，他の紙製品でも消費されるため，他の製品のライフサイクル機能量も増加する．また，古紙消費量を増やしたのは晒系洋紙だけであるにもかかわらず，晒系洋紙と

表 3.2.6 印刷・情報用紙の古紙消費量増加に伴うライフサイクル機能量の変化

印刷・情報用紙の古紙消費率	22.3%	25.0%	30.0%	40.0%
ライフサイクル機能量（kg/kg）	3.01	3.09	3.24	3.61
洋紙	1.48	1.52	1.59	1.77
新聞用紙	0.34	0.35	0.36	0.40
衛生用紙	0.13	0.14	0.14	0.16
工業用雑種紙	0.07	0.07	0.08	0.08
その他の晒系洋紙*	0.90	0.92	0.97	1.08
その他の未晒系洋紙	0.04	0.04	0.05	0.05
板紙	1.50	1.54	1.62	1.81
段ボール原紙	1.23	1.26	1.33	1.48
その他の板紙	0.27	0.28	0.30	0.33
製紙外利用	0.02	0.02	0.02	0.03

* その他の晒系洋紙の約96％は印刷・情報用紙である．

他の紙製品との間でライフサイクル機能量の増加率に大きな差はない．板紙においては，わずかではあるが晒系洋紙以上にライフサイクル機能量が増加する結果となる．

以上のように，マルコフ連鎖モデルをマテリアルフローに適用することで，様々な知見が得られる．

参考文献

Howard RC, Bichard W (1992): The Basic Effects of Recycling on Pulp Properties, *Journal of Pulp and Paper Science*, l18(4), J151-J159.
（財）古紙再生促進センター（2003）：古紙利用率向上促進対策調査報告書．
（財）古紙再生促進センター（2004）：古紙統計年報2003年度版．
Nazhad MM, Paszner L (1994): Fundamentals of strength loss in recycled paper, *Tappi Journal*, 77(9), 171-179.
岡山隆之，北山拓夫，大江礼三郎（1981）：リサイクルによる木材パルプ繊維の変質　第2報—リサイクルによる細孔容積の変化—，紙パ技協誌，35(12)，27-32．
岡山隆之，山岸良央，大江礼三郎（1982a）：リサイクルによる木材パルプ繊維の変

質 第3報―リサイクルによるパルプ繊維細胞壁の形態的変化―,紙パ技協誌,36(2), 71-80.
岡山隆之,岡田喜仁,大江礼三郎（1982b）：リサイクルによる木材パルプ繊維の変質 第4報―リサイクル時の脱水条件の影響―,紙パ技協誌,36(3), 42-53.
山田宏之,松野泰也,醍醐市朗,足立芳寛（2006）：マルコフ連鎖モデルを適用した木材パルプの平均使用回数解析,廃棄物学会論文誌,17(5), 313-321.
山岸良央,大江礼三郎（1981）：リサイクルによる木材パルプ繊維の変質 第1報―リサイクルによるパルプ繊維の諸性質の変化―,紙パ技協誌,35(9), 33-43.

3.3 マテリアルピンチ解析の事例研究
　　——日本国内のアルミニウムのリサイクルフローの最適化

3.3.1　本節のねらい

　本節では，日本におけるアルミニウムのリサイクルフローに，2.5 節で解説したマテリアルピンチ解析を適用する．スクラップのリサイクル最適化による新地金使用量の削減可能性を検討してみよう．

　アルミニウムは，広くリサイクルが行われている金属材料の1つである．用途に応じて様々な元素が添加され，多くは合金として用いられているため（（社）日本アルミニウム協会，2001），回収スクラップからリサイクル材（再生地金）を製造する際には，合金成分の調整が欠かせない．それらの合金成分の多くや，使用済み製品から回収する時に混入する一部の元素を，混入後に除去することは，技術的には可能であっても，経済的理由から産業として成立させることは困難とされる．こうした混入成分の除去技術の開発も行われている（大園ら，2004）が，主として経済的理由から実用化に至ったものは少なく，リサイクル時の成分調整は，回収スクラップからの異物除去の徹底と混合（希釈）により行われるのが一般的である．

　一方，わが国におけるアルミニウムの需給構造は，次のような特徴を有する．1) 原料の約57% がバージン材（新地金）である．2) 新地金の 99% 以上を海外からの輸入に依存している．3) 新地金の約80% は圧延材に使用され，4) 再生地金の 75% 以上は，鋳物，ダイカストとして製品化される（（社）軽金属学会，2005）．

　国内で使用されるアルミニウム地金の構成を図 3.3.1 に，アルミニウム加工品の内訳と生産量の推移を図 3.3.2 に，アルミニウム圧延品の系別生産量推移を図 3.3.3 に示す．

　ここで，鋳物，ダイカスト製品の大半は自動車であり，その国内生産量の約半数は輸出される（（社）日本自動車工業会，2005）ことを考慮すると，日本におけるアルミニウムのマテリアルフローは，添加元素，混入元素の少ない純アルミニウムを輸入し，それに合金元素を添加して使用し，国内のリサイクル過程で合金元素の濃度を高め，合金元素の濃度が高い状態で輸出すると

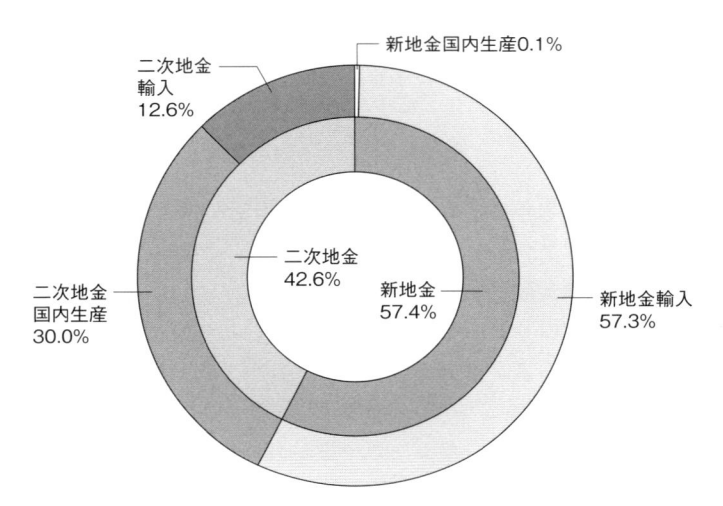

図 3.3.1 国内で使用されるアルミニウム地金の構成（2003 年度実績）

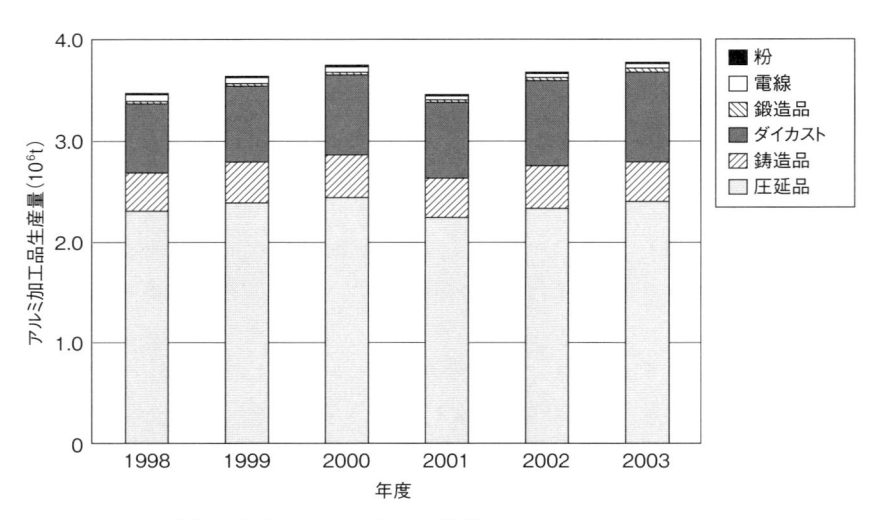

図 3.3.2 アルミニウム加工品の生産量推移（(社) 日本アルミニウム協会, 1970〜2003, 経済産業省）

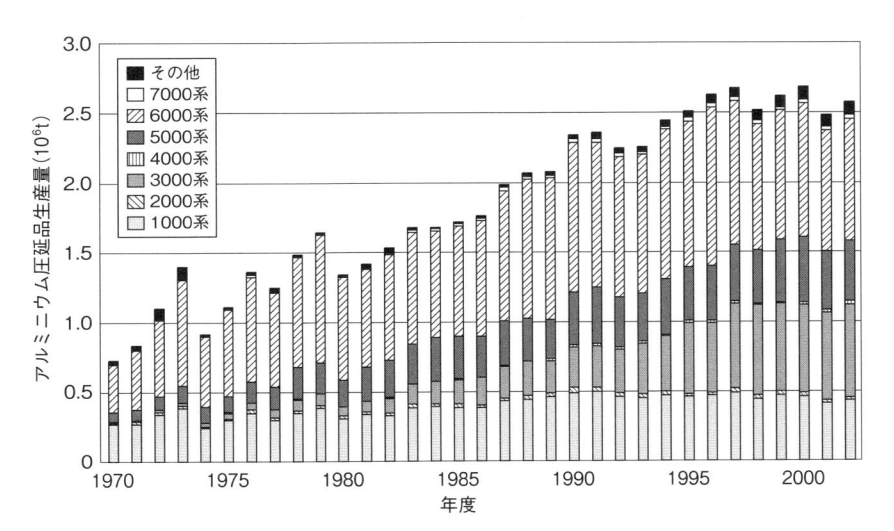

図 3.3.3 アルミニウム圧延品の系別生産量推移（（社）日本アルミニウム協会，1970～2003，経済産業省）

いう構造になっている．

そのような日本におけるアルミニウムのリサイクルフローに，マテリアルピンチ解析（線形計画法）を適用し，その最適化による新地金使用量の削減可能性を検討してみよう．

3.3.2 アルミニウムリサイクルにおけるトランプエレメント

前述の通り，アルミニウムのリサイクル時には成分調整が必要であり，回収スクラップからの異物除去の徹底と混合（希釈）により行われるのが一般的である．アルミニウムのリサイクル（再生地金の製造）過程において，その濃度の調整にとくに注意が必要とされる元素を，文献調査（金属系材料研究開発センター，（財）資源環境センター，1997）と業界の有識者ヒアリングから選定した．ここでは Si, Fe, Cu, Mn の4元素をリサイクルの制約要因となるトランプエレメントとして解析しよう（表3.3.1）．

表 3.3.1　トランプエレメントの選定

成分	主な混入要因	アルミからの除去の難易と除去技術の有無	備考
Si	鋳物・ダイカストから	困難/あり（70％）	将来問題になる可能性あり
Fe	機械・自動車スクラップ	困難/未確立	鋳物 to 鋳物のリサイクル促進においては必要
Cu	機械・自動車スクラップ	困難/未確立	鋳物 to 鋳物のリサイクル促進においては必要
Mn	3000系成分	困難/未確立	Can to Can 率向上に必要
Mg	5000系成分	あり（溶解時に酸化・除去）	緊急性低い
Cr	5000系成分	困難/未確立	将来問題になる可能性あり
Zn	スクラップ	困難/技術あり	将来問題になる可能性あり
Ti	缶塗装	溶解後は困難/（あり）	将来問題になる可能性あり
Ni	カラーアルミ，鋳物等	困難．ただし，混入量微量で鋳物での許容量余裕あり	緊急性低い

3.3.3　アルミニウムのマテリアルフローモデル化

　ここで，国内で回収されるスクラップ材と，そのスクラップ材から製造されるリサイクル材（再生地金）のトランプエレメント濃度は等しいものとし，新地金以外の供給材（老廃スクラップ材，加工スクラップ材）のトランプエレメント濃度は，国内で回収されるスクラップ材のトランプエレメント濃度推定値（畑山ら，2006）の値を用いる．新地金のトランプエレメント濃度は 0 とする．

　また，国内で製造される再生地金と海外から輸入する再生地金も区別せず，輸入も含めた再生地金供給量（2003年度統計値）と，国内回収スクラップの回収量が一致するように，スクラップの国内回収量に一定の割合を乗じる．

　新地金以外の供給材（老廃スクラップ材，加工スクラップ材）のトランプエレメント濃度と供給量を表 3.3.2 に示す．

　需要側のトランプエレメント許容濃度は，JIS に規格される化学成分の上限値を用い，最低必要量（下限値）は考慮しない．需要量は，2003年度の統

表 3.3.2　スクラップ材の供給量とトランプエレメント濃度

排出元	供給量（kt）	トランプエレメント濃度（%）			
		Si	Fe	Cu	Mn
老廃スクラップ					
金属製品	109	0.760	0.410	0.340	0.100
食料品（リサイクル缶含む）	289	0.290	0.590	0.220	1.140
産業機械	14	6.120	0.830	2.030	0.330
電気通信	60	3.210	0.610	1.000	0.230
陸上輸送機器（圧延）	89	1.790	0.450	0.260	0.160
陸上輸送機器（エンジン）	476	9.970	1.180	3.700	0.500
土木建築	191	0.610	0.380	0.120	0.170
その他	78	3.050	0.850	1.310	0.550
加工スクラップ					
1000 系	52	0.320	0.380	0.090	0.050
2000 系	3	0.780	0.730	4.940	0.810
3003	4	0.600	0.700	0.200	1.500
3004	48	0.300	0.700	0.250	1.500
その他 3000 系	31	0.600	0.750	0.280	1.110
4000 系	3	13.500	1.000	1.300	0.000
5052	24	0.250	0.400	0.100	0.100
5182	21	0.200	0.350	0.150	0.500
その他 5000 系	17	0.290	0.310	0.130	0.560
6061	8	0.800	0.700	0.400	0.150
6063	237	0.600	0.350	0.100	0.100
その他 6000 系	14	0.960	0.500	0.230	0.630
7000 系	4	0.180	0.210	2.080	0.160
8000 系	14	0.230	1.500	0.050	0.000
AC2B（鋳造品）		7.000	1.000	4.000	0.500
ADC12（ダイカスト）		12.000	1.300	3.500	0.500

計値（(社)日本アルミニウム協会，1970〜2003）を用いる（表 3.3.3）．

　なお，スクラップ材溶解時の減耗は考慮していない．すなわち，スクラップは 100％ 再生地金に再生されると仮定する．

3.3.4　目的関数

　アルミニウムのリサイクル材（再生地金）の製造に要するエネルギーは，

表3.3.3 アルミニウム合金品種の需要とトランプエレメント許容濃度

	需要（kt）	Si	Fe	Cu	Mn
1000系	436	0.325	0.381	0.086	0.048
2000系	23	0.779	0.726	4.935	0.810
3003	33	0.600	0.700	0.200	1.500
3004	271	0.300	0.700	0.250	1.500
その他3000系	193	0.600	0.748	0.275	1.112
4000系	28	13.500	1.000	1.300	0.000
5052	150	0.250	0.400	0.100	0.100
5182	117	0.200	0.350	0.150	0.500
その他5000系	114	0.288	0.311	0.130	0.562
6061	30	0.800	0.700	0.400	0.150
6063	802	0.600	0.350	0.100	0.100
その他6000系	56	0.958	0.496	0.229	0.628
7000系	37	0.182	0.215	2.076	0.157
8000系	114	0.225	1.500	0.050	0.000
鋳造品（AC2B）	409	7.000	1.000	4.000	0.500
ダイカスト（ADC12）	867	12.000	1.300	3.500	0.500

新地金製造に要するエネルギーの3%以下といわれている（大隅，1996）．アルミニウム新地金の消費を低減することは，エネルギー消費量および地球温暖化などの環境負荷に大きく貢献する．そこで，新地金使用量の最小化を目的関数とする．

3.3.5 シナリオ解析

日本国内における現在のアルミニウムの需給構造は，需要がスクラップ材の供給量を大きく上回っているため，スクラップ材の余剰は生じていない．そこで，スクラップ材の供給量が増加し，トランプエレメント濃度の高いスクラップ材の流通量が増えるケースを想定したシナリオ解析を行い，国内のリサイクルフローの許容し得る，将来の需給構造の変化の範囲を考察する．また，後述するように感度解析も行う．

ケース1 廃自動車から製造する再生地金の使用量の増加を想定したシナリオ解析

陸上輸送機器（分野から排出されるスクラップ材のうちエンジンブロック等の鋳物，ダイカスト由来のもの（廃自動車鋳物）の供給量（同等成分の輸

入再生地金を含む）が増加した場合の新地金代替最大可能量を算出する．

ケース2 廃建材から製造する再生地金の使用量の増加を想定したシナリオ解析

土木建築分野から排出されるスクラップ（廃建材）の供給量（同等成分の輸入再生地金を含む）が増加した場合の新地金代替最大可能量を算出する．

3.3.6 感度解析

感度解析は，トランプエレメント濃度の微少変量が新地金必要量に及ぼす量を定量的に解析する．

解析は，供給材のトランプエレメント（図3.3.4の(a)），すなわち表3.3.2に示すトランプエレメント濃度を対象とする解析と，生産材のトランプエレメント許容濃度（図3.3.4の(b)），すなわち表3.3.3に示すトランプエレメント許容濃度を対象とする解析を各シナリオにおいて行う．

3.3.7 解析結果と考察

再生地金による新地金代替可能性のシナリオ解析結果を表3.3.4に示す．

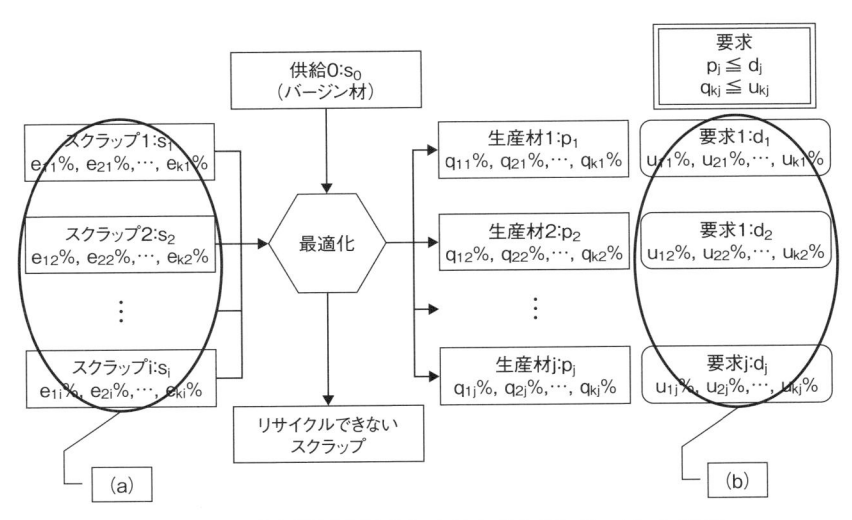

図3.3.4 感度解析の対象とするトランプエレメント濃度

表3.3.4 シナリオ解析結果

（単位：kt）

スクラップ回収の増加元	ケース1 エンジン	ケース2 建築
増大したスクラップ供給量	602	1108
新地金使用量	1293	766

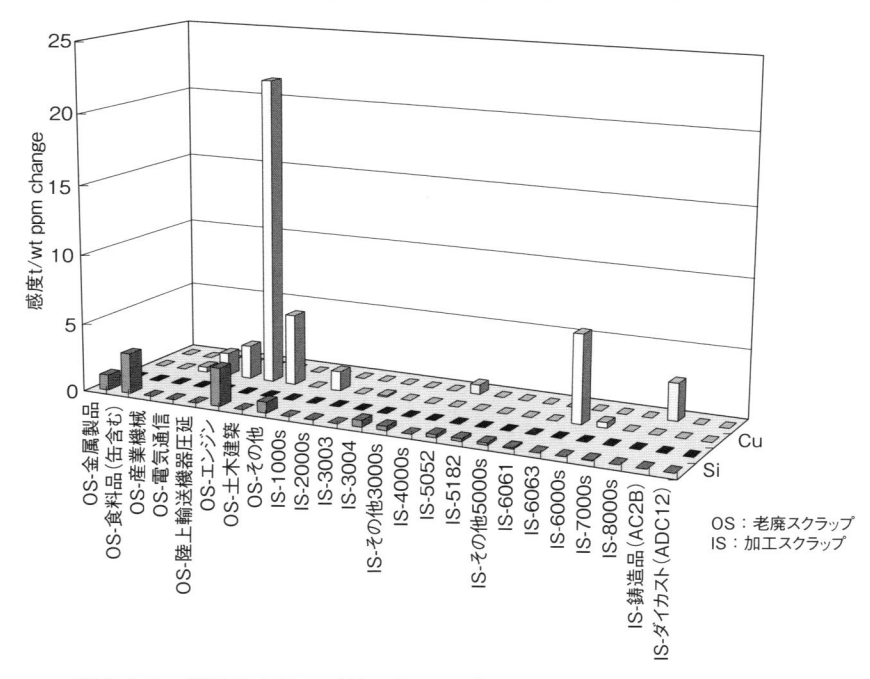

図3.3.5 供給スクラップ材のトランプエレメント濃度の感度解析結果（ケース1）

ケース1 廃自動車から製造する再生地金の使用量の増加を想定したシナリオ解析

　廃自動車鋳物の回収量を増やす，あるいは同等の成分を有する再生材の輸入を増やした場合，2003年度の新地金使用量を1293 ktまで削減可能という結果を得る．これは，2003年度実績値の2409 ktの約54％に相当する．言い換えると，新地金使用量のうち，その54％までは，廃自動車鋳物から製造する再生地金で代替できるということがわかる．

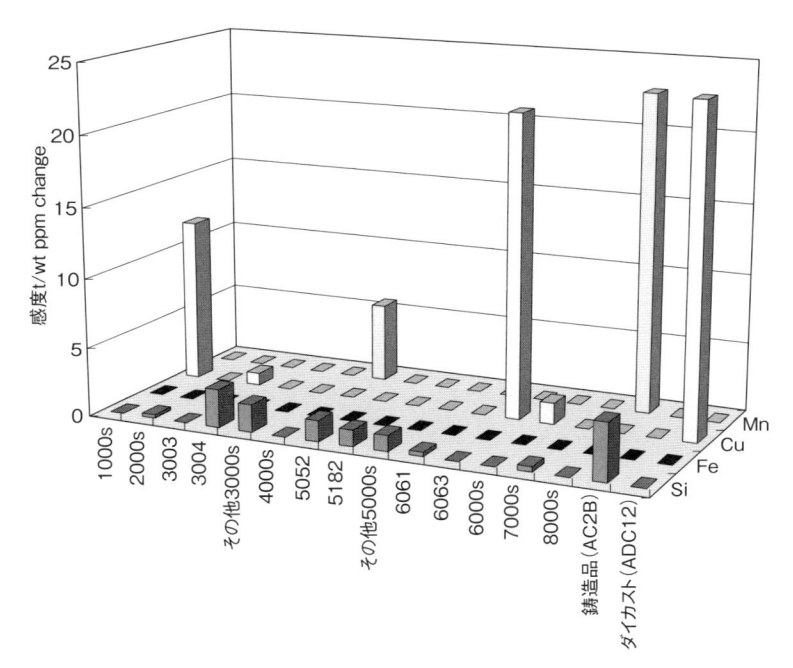

図 3.3.6　生産材トランプエレメント許容濃度の感度解析結果
（ケース 1）

この時の感度解析の結果を図 3.3.5，3.3.6 に示す．

図 3.3.5 のグラフの高さは，投入するスクラップのトランプエレメント濃度が，1 ppm 変化した場合の新地金必要量の変化量を示しており，廃自動車鋳物の供給における Cu の感度が高くなっている．この理由について考察する．

投入する廃自動車鋳物を最も多く消費するのはダイカストである．そこで，廃自動車鋳物のトランプエレメント濃度とダイカストの許容するトランプエレメント濃度を比較すると，ダイカスト許容濃度に対する廃自動車鋳物のトランプエレメント濃度の割合は，それぞれ，Si：83％，Fe：91％，Cu：106％，Mn：100％ であった．このことから，廃自動車鋳物の Cu 濃度の削減により，ダイカスト側の許容値を超える Cu 濃度を希釈するために消費されている新地金の消費を削減することが可能になると考えられる．

図3.3.6のグラフの高さは，再生地金におけるトランプエレメント許容濃度が，1 ppm 変化した場合の新地金必要量の変化量を示しており，1000系，6063およびダイカストの銅許容濃度，4000系および8000系におけるマンガン許容濃度の感度が高くなっている．

　1000系，6063の銅に対する感度が高いのは，その許容濃度が低い上に需要が大きいことが影響していると考えられる．廃自動車鋳物を最も多く消費するダイカストは，銅の許容濃度が高い上に需要も大きく，銅に関する大きな受入需要となっていることが理由と考えられる．

　また，4000系および8000系のマンガンに関する感度が高いのは，両者におけるマンガンの許容量が0であることが理由と考えられる．マンガン含有量0という条件を満たす供給スクラップ材は4000系と8000系の加工スクラ

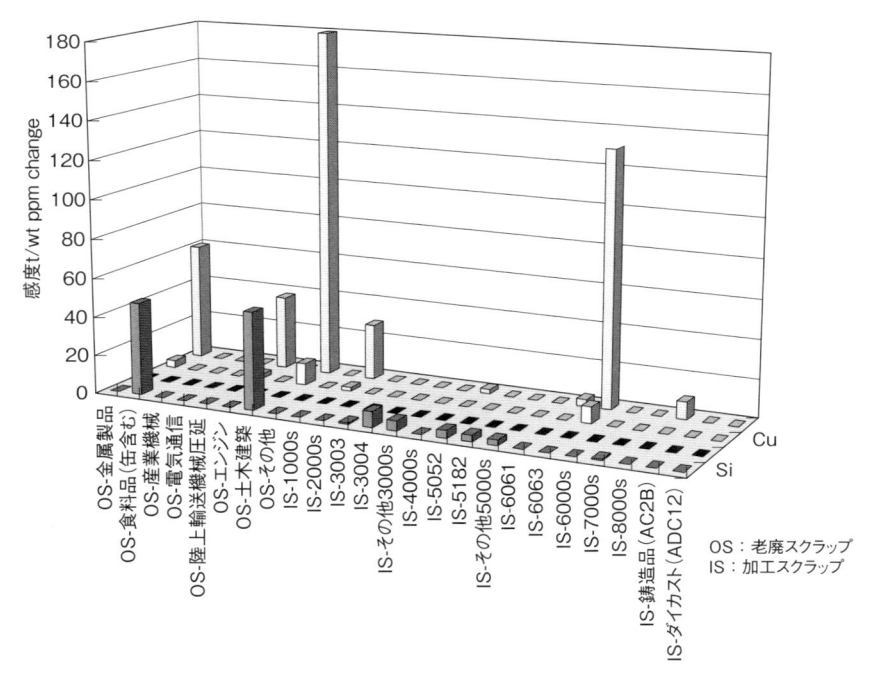

図3.3.7　供給スクラップ材のトランプエレメント濃度の感度解析結果（ケース2）

ップと新地金しかないが，4000系と8000系の加工スクラップの供給量は小さい．そのため，4000系および8000系の需要は新地金に大きく依存している．そこで，4000系および8000系におけるマンガン許容量が緩和されれば，新地金消費量の削減に貢献すると考えられる．

ケース2　建築廃材から製造する再生地金の使用量の増加を想定したシナリオ解析

廃建材のみで代替した場合は，新地金使用量を766 kt まで削減可能という結果を得た（表3.3.4のケース2）．これは，2003年度実績値の約32%に相当する．すなわち新地金の約68%までは廃建材から製造する再生地金で代替可能という結果を得た．

この時の感度解析の結果を図3.3.7，3.3.8に示す．

図3.3.7のグラフの高さは，投入するスクラップのトランプエレメント濃度が，1 ppm 変化した場合の新地金必要量の変化量を示しており，廃建材の

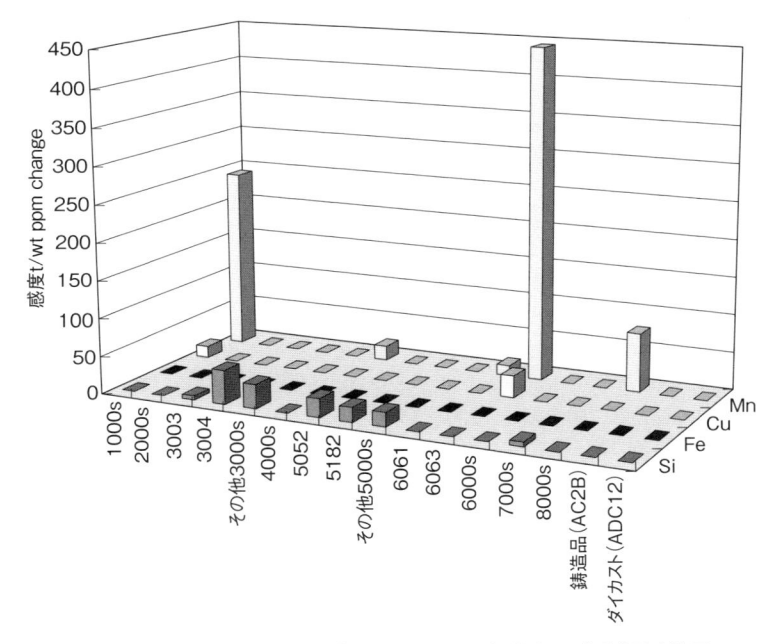

図3.3.8　生産材トランプエレメント許容濃度の感度解析結果（ケース2）

供給におけるMnの感度が高い．以下でこの理由を考察する．

投入する廃建材を最も多く消費するのは6063である．廃建材のトランプエレメント濃度と6063のトランプエレメント許容濃度を比較すると，Si：102％，Fe：109％，Cu：120％，Mn：170％と，廃建材におけるMnの濃度が，6063の許容値を大きく上回っていることがわかる．このことから，廃建材で新地金を代替する場合には，Mnの濃度を下げることで，新地金必要量を削減できると考えられる．

図3.3.8のグラフの高さは，再生地金におけるトランプエレメント許容濃度が，1ppm変化した場合の新地金必要量の変化量を示しており，1000系と6063におけるMn許容濃度の感度が高くなっている．これは，1000系と6063におけるMn許容濃度が他の品種に比べ小さいため，そのMn許容濃度を緩和できれば，希薄のために投入される新地金を削減できるためと考えられる．なお，4000系と8000系のMn許容濃度も0と小さいが，これらは需要が大きくないので，1000系，6063と比べ感度も小さくなっている．

参考文献
畑山博樹，山田浩之，醍醐市朗，松野泰也，足立芳寛（2006）：アルミニウムの合金元素を考慮した動的マテリアルフロー分析，日本金属学会誌，70(12)，975-980.
（社）軽金属学会（2005）：アルミニウムの完全リサイクルシステム構築に向けて．
経済産業省：鉄鋼・非鉄金属・金属製品統計年報．
（財）金属系材料研究開発センター，（財）資源環境センター（1997）：平成9年新エネルギー・産業技術総合開発機構委託事業成果報告書，非鉄金属系素材リサイクル促進技術研究開発：基礎調査研究，要素技術研究成果報告書．
大隅研治（1996）：アルミニウムのリサイクル，金属，66(2)，117-128.
大園智哉，大滝光弘，柳川政洋（2004）：国内および欧米におけるアルミニウムリサイクルの技術動向，金属，74(11)，1172-1178.
（社）日本アルミニウム協会（1970～2003）：アルミニウム統計年報．
（社）日本アルミニウム協会（1985～2003）：アルミニウム統計表．
（社）日本アルミニウム協会（2001）：アルミニウムハンドブック．
（社）日本自動車工業会（2005）：日本の自動車工業．
山田宏之，畑山博樹，醍醐市朗，松野泰也，足立芳寛（2006）：金属材料リサイクルフローの最適化手法の開発とアルミニウムへの応用，日本金属学会誌，70(12)，995-1001.

3.4 電気製品の解体性評価

3.4.1 本節のねらい

本節では，2.6節にて解説した製品解体性評価ツールを適用して電気製品の解体性を評価した事例研究を紹介する．日常使用している電化製品の1つである電動ポンプ式の電気ポットを評価対象として，本評価ツールを適用した．2.6節においては，製品構造のモデル化，最適化アルゴリズムをいくつか紹介してきたが，本事例研究においては，J-Pマトリックスによる表記を採用し，AND/ORグラフから最適経路を網羅的に探索する方法を用いた．また，2.6.4（7）にて言及した各素材の機械破砕投入量に対する素材単体分離率については，本事例では，ある家電リサイクルプラントにおける実測値を用いることとした．本節では，2.6節で解説した手法を前提とし，とくにデータ整備や前提条件などを中心に記した．なお，以下で記す事例研究では，社会において経済最適なプロセスが実施されると仮定し，設計変更による経済最適なプロセスの変化を示し，その変化によるCO_2誘発量の削減効果を定量的に示すことを目的とした．

3.4.2 製品情報および社会情報

事例研究として部品点数69点からなる電動ポンプ式の電気ポット（容量3.0ℓ）の上蓋を除く部分について，その分離・解体プロセスの最適化と設計改善による効果を評価した．作業工程数は35であった．これをモジュール化することにより，部品点数を25点，作業工程数を12にすることができた．製品情報は，製品を実際に解体することによって抽出した．モジュール化によって部品点数を集約したモジュールや単体部品の素材と重量の情報を表3.4.1に，J-Pマトリックスを表3.4.2に，AND/ORグラフを図3.4.1に示す．

最適化において，環境性を示す指標はCO_2誘発量を考えた．また素材は，鉄鋼材，銅系素材，アルミニウム素材，プラスチックの4種類を考慮し，その4種類に分類できないものは廃棄物として扱った．また，各素材の単位重量あたりの価格は，新聞やヒアリングによって2008年8月時点で得たスクラップ価格を用いた．単位重量あたりのCO_2排出削減量は，LCAソフト

表 3.4.1　対象製品（電気ポット）の部品情報

部品記号	備考	素材	重量（g）
A	ポット胴体	鉄鋼材	443
B	底部回転台	プラスチック	9
C	底部カバー	鉄鋼材	51
D	ボルト	鉄鋼材	2
E	本体底部	プラスチック	143
F	ボルト	鉄鋼材	7
G	取手	プラスチック	63
H	本体上部モジュール	（モジュール）	
I	基板モジュール	（モジュール）	
J	支柱	鉄鋼材	10
K	支柱	鉄鋼材	10
L	基板蓋	プラスチック	20
M	ナット	鉄鋼材	3
N	基板裏モジュール	（モジュール）	
O	チューブ	その他の素材	3
P	シート	プラスチック	7
Q	湯量表示管	その他の素材	17
R	送湯部品	プラスチック	12
S	管上部	プラスチック	2
T	筒	銅系素材	560
U	ボルト	鉄鋼材	3
V	モーターモジュール	（モジュール）	
W	タンク結合部	その他の素材	2
X	タンクモジュール	（モジュール）	
Y	ボルト	鉄鋼材	4

表 3.4.2　対象製品（電気ポット）の J-P マトリックス

	A	B	C	D	E	F	G	H	I	J	K	L	M	N	O	P	Q	R	S	T	U	V	W	X	Y
1	0	1	0	0	1	0	0	0	0	0	0	0	0	0	0	0	0	0	0	0	0	0	0	0	0
2	0	0	1	1	1	0	0	0	0	0	0	0	0	0	0	0	0	0	0	0	0	0	0	0	0
3	1	0	0	0	1	1	1	1	1	1	1	0	0	0	0	0	0	1	0	0	0	0	0	0	0
4	0	0	0	0	0	0	0	1	0	0	1	0	0	0	0	0	0	0	0	0	0	0	0	0	0
5	0	0	0	0	0	0	1	1	0	0	0	1	1	0	0	0	0	0	0	0	1	0	0	0	0
6	0	0	0	0	0	0	0	0	0	0	0	0	0	1	1	1	1	0	0	0	0	0	0	0	0
7	0	0	0	0	0	0	1	0	1	0	0	0	0	0	0	1	0	1	0	0	0	0	0	0	0
8	0	0	0	0	0	0	0	0	1	0	0	0	0	0	0	0	0	0	1	0	0	0	0	0	0
9	0	0	0	0	0	0	0	0	0	0	0	0	0	1	0	0	0	1	0	0	1	1	0	0	0
10	0	0	0	0	0	0	0	0	0	0	0	0	0	0	0	0	1	0	0	0	1	1	0	0	0
11	0	0	0	0	0	0	0	0	0	0	0	0	0	0	0	0	0	0	0	1	0	0	0	1	0
12	0	0	0	0	0	0	0	0	0	1	1	0	0	0	1	0	0	0	0	0	0	0	0	1	1

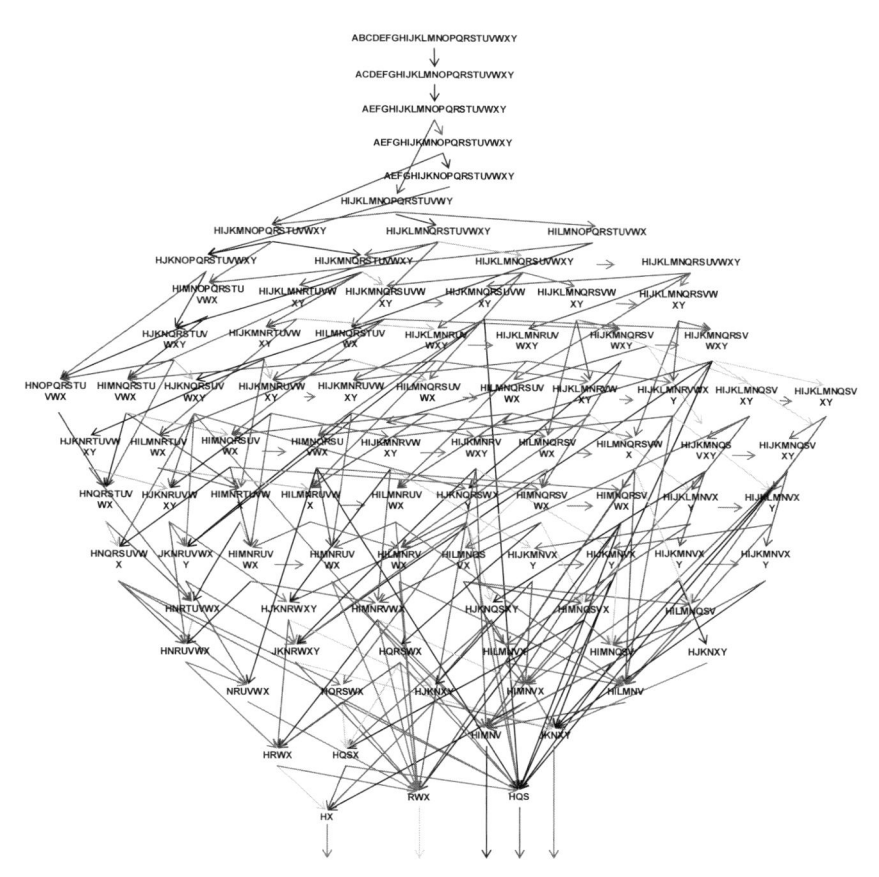

図 3.4.1 対象製品（電気ポット）の AND/OR グラフ

(JEMAI-LCA Pro) のインベントリデータと既報のエネルギー削減効果量 (Hula ら，2003) より算出した．廃棄物の処理費用は，千葉県における廃棄物処理費用を参考にした．設定した各種原単位を表 3.4.3 に示す．ただ，人件費と機械選別にかかる費用は，それらの変化による結果の感度を分析することとし，それぞれ 0.00-0.50 円/秒，0.0-5.0 円/kg の間で変化させることとした．

3.4 電気製品の解体性評価―171

表 3.4.3 事例研究で用いた原単位

	i	原単位
$\Delta V_i^{recover}$ (円/kg)	鉄鋼材	50
	銅系素材	650
	アルミニウム素材	150
	プラスチック	50
$\Delta C^{disassemble}$ (円/秒)		0.00-0.50
ΔC^{shred} (円/kg)		0.0-5.0
$\Delta C^{landfill}$ (円/kg)		50
ΔE_i^{avoid} (kg-CO_2/kg)	鉄鋼材	1.4
	銅系素材	6.3
	アルミニウム素材	10.4
	プラスチック	4.6
$\Delta E^{disassemble}$ (kg-CO_2/秒)		6.0×10^{-5}
ΔE^{shred} (kg-CO_2/kg)		8.3×10^{-3}
$\Delta E^{landfill}$ (kg-CO_2/kg)		3.0×10^{-3}

3.4.3 機械選別による素材単体分離率

各素材の機械破砕と機械分離による単体分離率は，粉砕後の粒径との相関が報告されている（Castro *et al.*, 2004）ことから，それぞれのリサイクルプラントによって異なることが考えられる．ここでは，1つのリサイクルプラントにおける実測により取得した．このリサイクルプラントで破砕機への投入物は，60 mm のスリットを通過するまで砕かれた後，磁力選別機，渦電流選別機，風力選別，比重選別，静電気選別，分級機，微粉砕機によって鉄鋼材，非鉄金属，プラスチックに分離される．また，各所で人手によって非鉄金属を銅系素材とアルミニウム素材に分離するとともに，鉄スクラップから機械によって分離されなかったものをピッキングすることによって分離精度を高めている．単体分離率は，洗濯機，冷蔵庫，エアコンをそれぞれ100台ずつ機械破砕機へ投入し，得た回収物から導出した．機械破砕に投入される部品からの素材回収率は，表 3.4.4 に示す各素材の単体分離率を用いた．

3.4.4 最適化の結果

経済性の観点で最適な分離・解体処理プロセスを導出した際の目的関数の

表 3.4.4　各素材の単体分離率

i	鉄鋼材	銅系素材	アルミニウム素材	プラスチック	その他の素材
単体分離率 R_i（％）	95.2	9.0	38.6	94.7	0.0

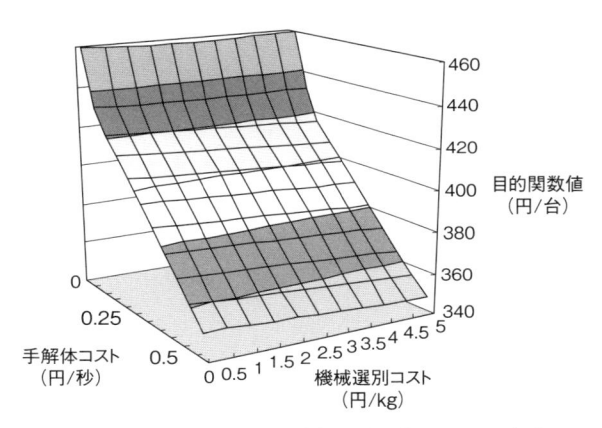

図 3.4.2　コスト変動に対する経済最適解の変化

値を，単位時間あたりの手解体コストと単位重量あたりの機械選別コストの変化に対してプロットした結果を図 3.4.2 に示す．目的関数は，手解体コストに対して大きく影響を受け，手解体コストが大きくなるほど小さな値となった．また，この図は 2 つの平面からなっており，手解体コストが十分に小さい時は，完全に手解体によって分離することが最適となり，手解体コストが大きくなると部分的に手解体し，残りを機械破砕することが最適となった．また部分手解体の結果は，いずれも図 3.4.3 に示す手解体プロセスの後，破砕機に投入することが最適プロセスと導出された．手解体プロセスの最後のプロセスは，銅製の特定部品（部品 T）を単体部品として分離するプロセスであった．また，目的関数を環境性とした際の最適分離・解体処理プロセスは，完全に手解体することと導出された．最後まで解体を進めることで，単体となった素材を回収し，リサイクルすることによる CO_2 排出削減効果は，8.2 kg-CO_2/台となり，その作業の実施によって発生する CO_2 量 0.08 kg-CO_2

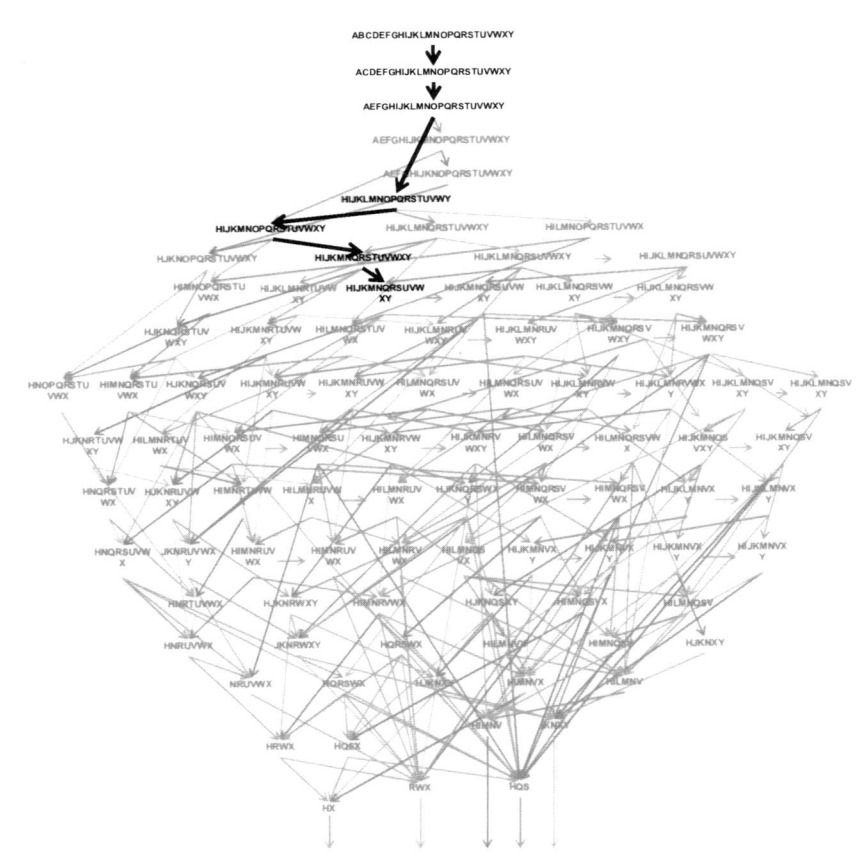

図 3.4.3　経済最適（$\triangle C^{disassemble}=0.25$ 円/秒，$\triangle C^{shred}=5.0$ 円/kg）における分離・解体手順

/台と比較して大きく，約 8.1 kg-CO_2/台の CO_2 削減効果があることがわかった．

3.4.5　設計改善による効果

最適化の結果を受けて，設計の DfD 化による変化を評価した．評価に際しては，DfD 化による経済性最適解体手順の変化を評価し，その経済性最適

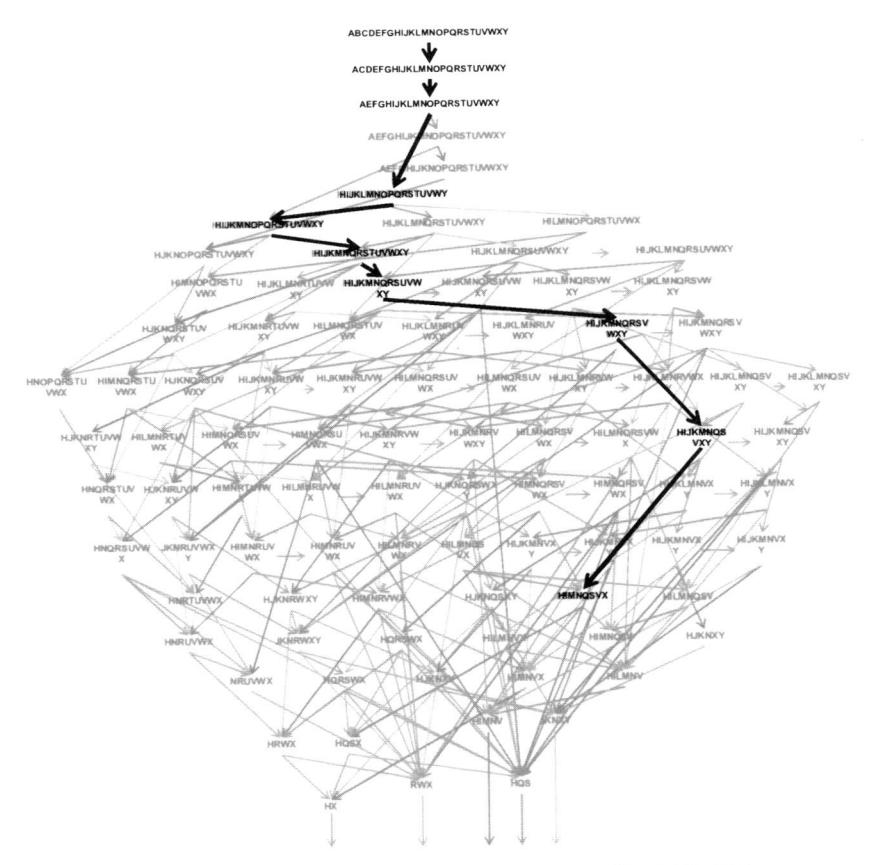

図 3.4.4 DfD 化の仮定における経済性最適分離・解体手順

解体手順の変化が環境性にどの程度影響を与えるか評価した．実際の設計変更には，その製品が持つべき機能を安定的に，また安全に発揮するための様々な制約があるが，ここではそれらの制約は考慮せず，接合方法を簡素化し，すべての解体作業時間が4分の1になるように設計変更されたと仮定した．手解体コストは900円/時（=0.25円/秒），機械選別コストは10円/kgとした．DfD化に伴い経済性最適解体手順は，より手解体が進み，図3.4.4に示す解体手順が最適と導出された．これにより，CO_2 排出削減効果は1台

3.4 電気製品の解体性評価 —— 175

あたり約 7.6 kg-CO_2 から約 7.9 kg-CO_2 へと約 0.3 kg-CO_2 向上した．

このように，設計情報を変化させ，最適解において手解体がどの部品を取出す段階まで進んだか，あるいはそれ以上の手解体を進める上で障害となっている作業はないか，など解析することで，接合方法などの効果的な改善に対する示唆を得ることができるツールであることが示された．

参考文献

Castro MB, Remmerswaal JAM, Reuter MA, Boin UJM (2004): A thermodynamic approach to the compatibility of materials combinations for recycling, *Resources, Conservation & Recycling*, 43, 1-19.

千葉県環境研究センター：http://www.wit.pref.chiba.jp/（アクセス日 2008 年 7 月 1 日）

Hula A, Jalali K, Hamza K, Skerlos SJ, Saitou K (2003): Multi-Criteria Decision-Making for Optimization of Product Disassembly under Multiple Situations, *Environmental Science & Technology*, 37, 5303-5313.

（社）産業環境管理協会（2003）：JEMAI-LCA Pro.

Zhang S, Forssberg E (1999): Intelligent Liberation and classification of electronic scrap, *Powder Technology*, 105, 295-301.

4章
環境の「見える化」技術に向けて

4.1 環境の見える化技術

4.1.1 環境とは

　地球上で目ざましい進化を遂げてきた人類の歴史は，地球環境の利用から，その破壊に至る歴史であるともいえよう．そもそも人類は，地球環境にいかに適合するかという進化論の命題のもとで，他の生物種と同様に多様な変化を武器として今日の姿にまで進化してきた．ただ，他の生物種と大きく異なるのは，工業化（industrialization）という飛躍的な発展を可能とするツールを発明したことである．人類は万物の霊長といわれ，生物種の頂点に存在すると思い上がってしまい，進化を育くんでもらった地球環境の破壊を加速度的に行うに至っている．

　これらの破壊は，産業革命後の工業化の過程で顕著であるが，20世紀に至って，人類はこの反省と対策のために，工業化によって獲得した様々な知的ツールを活用し始めた．

　いわゆる環境破壊，環境汚染としてわれわれが認識するものは，生活汚染物であるゴミの排出による近隣の汚染が身近である．まず第一に，この対策は古来から認識され，人口がある程度集中する村や都市ではその適切な措置が工夫されてきた．身近なこれらの汚染という環境影響に比し，産業革命後のケタ違いの地球資源の消費，汚染は，より深刻なツメ跡を残すこととなった．これらの汚染は，地球全体に広範囲に影響する点と，汚染による変化が顕在化するまでの時間が長期間である点を特徴としている．このため，その対策の必要性に気づくのが遅れ，どのような対策が効果的で，どの時点で対策の効果が表れるかが明確でないことから，常に対応が遅れる事態となった．

これは地球環境汚染の「見えない化」ともいえる．

　人類は工業化によって大発展を遂げ，地球圏外へ人類を送り出すほどの画期的な技術を得て，20世紀の後半から，自分自身の目下の生活圏である地球圏にようやく目を向けるようになった．これらが，地球環境問題であり，全世界を挙げて取組むべき最重要課題である．温暖化効果ガスによる地球温暖化，フロンガスによるオゾン層の破壊，主に硫酸ガスによる酸性雨の問題など，様々な課題への対応が求められている．

　これらの課題は，1) 広範囲かつ多岐にわたる点，2) 影響が時間をかけて表れる点，3) 対策が回復不能の段階になるまで実施されない危険がある点，が特徴的である．これらのことが，十分将来を見すえた，長期かつ高精度の検証された予測（シミュレーション）が求められる所以である．

　このため必要とされるのが「環境の見える化」技術で，予測対象空間を必要に応じて変化させることができる評価空間軸を備え，さらに過去の汚染から未来の汚染まで予測対象時間軸を変化させうる機能も兼ね備えたシミュレーション手法，計算予測手法の開発が必要となっている．

4.1.2　見える化の推進

　20世紀後半からの地球環境問題への真剣な取組みの必要性は，国連を始め世界の国々の主要なテーマとなりつつある．これら汚染の原因究明と対策責任者の確定は，各国の経済発展，工業化発展度合いと密接不可分な命題でもある．これらは常に各国間の責任の転嫁に終始し，先進国と途上国との南北問題の典型の1つとして常に取り上げられ，国際協調での解決を困難なものとしている．

　要は，時間的な差はあれ，将来のわれわれの南北両極の社会が，工業化社会を経て環境社会に，いかに軟着陸という形で持続的に発展していけるかという問題であり，南北両極ともに共通目標として取組む姿勢が求められているといえる．

　このため，全地球市民にとって，どのような取組みが地球環境問題への解決に向けて合理的なものであるかを見極めることが重要になる．自国だけに負担がかかり，他の国がタダ乗り（free rider）してはいないか，ムダが無く

より合理的で効果的な対応であるのかを明確にする意味でも「環境の見える化」がより重要となってきた．

4.1.3 見える化技術

地球環境問題に取組むためには，1）地球上のすべての市民の参加，2）すべての国の最大限の合理的負担，3）すべての産業セクターが経済活動の変革を通じた最も合理的で効率的な負担を，あわせて実施する必要がある．言い換えれば，地球社会全体が環境適合型の環境社会に移行することが求められている．世界はあまりに広く，あまりに複雑であることから，この環境社会の体系を一義的に与えることは不可能に近く，極端な解決策が提唱され，より問題への対応を遅らせることにもなる．このため，各々の時点での取得る最大限の最適解を求めて，「環境の見える化技術」による予測シミュレーションを通じて，その時点での最適目標である「環境社会」へのデザインの実施と目標に向けた行動が求められる．

この場合の「環境の見える化技術」の1つの例は，汚染物の排出量の計算手法とその影響評価手法ともいえるが，原則は資源の採集，生産から廃棄までの各排出プロセスにおける排出量を対象とすることと，ライフサイクル全体の排出量を最小にする合理的な解を提示することである．人類は常にライフサイクル全体の排出量の削減に向けて，その時点で最も合理的な手段，解決法で取組むべきで，その努力は常に更新されるべき性格のものである．この「環境の見える化技術」の進化は，精度の向上，対象の拡大，取扱い易さなどの諸課題を克服していくべきものである．資源の採集，生産から廃棄までのライフサイクル全体の中で，各プロセスの排出状態を見える化することにより，その時点での最適で，合理的な削減解を求めることができることが重要である．

4.1.4 見せる化指標

われわれの活動する複雑系の社会の中での環境汚染の現状を「見える化」する技術の開発が重要であるが，一般社会にそのインパクト，相対的な効果量を理解してもらい，持続的な対策の導入による現代社会の構築のためには，

常により効果的な「見せる化技術―見せる化指標」の開発も求められる.

近年この見せる化指標については,主として温暖化対策をより1人1人の市民レベルで理解しやすいように表示した,エコラベル(表4.1),カーボンフットプリント,エコロジカルフットプリントなど,様々に工夫されたものが,提唱されてきている.

表4.1 日本で利用されているエコラベル

名称	マーク	エコラベルの概要
エコマーク	タイプⅠ	ライフサイクル全体を考慮して環境保全に資する商品を認定し,表示する制度.ISOの規格(ISO 14024)に則ったわが国唯一のタイプⅠ環境ラベル制度.
エコリーフ環境ラベル	タイプⅢ	製品の環境情報を,LCA手法を用いて定量的に表示.グリーン購入に活用するとともに,メーカーの低環境負荷製品の開発の動機づけとなることをねらいとした環境ラベル.2006年7月に国際規格化された「タイプⅢ環境ラベル」.
PCグリーンラベル	タイプⅡ	パソコンメーカーの団体が運営するパソコンの環境ラベル制度.環境に十分配慮したパソコンの設計・製造や情報公開などに関する基準を「PCグリーンラベル基準項目」として定める.
省エネラベリング制度	タイプⅡ	機器使用時のエネルギー消費効率に着目し,省エネ法により定められた省エネ基準をどの程度達成しているかを表示する制度.省エネ基準を達成している製品には緑色のマークを,達成していない製品には橙色のマークを表示.
国際エネルギースタープログラム	タイプⅡ	パソコンなどのオフィス機器について,稼働時,スリープオフ時の消費電力に関する基準を満たす商品につけられるマーク.日本,米国,EU等7ヵ国・地域が参加している国際的制度.

J-MOSS含有マーク	タイプⅡ	資源有効利用促進法により，7品目において6物質が指定の基準値を超えて含有されている場合に，マークの表示が義務づけられる制度．
J-MOSSグリーンマーク	タイプⅡ	電気・電子機器に含まれる特定の化学物質に関する情報提供を行う制度．
統一省エネラベル	タイプⅡ	省エネ法に基づき，小売事業者が省エネ性能の評価や省エネラベル等を表示する制度．
有機JASマーク	タイプⅡ	厳しい生産基準をクリアして生産された，有機食品であることをマークにより証明する制度．
環境・エネルギー優良建築物マーク表示制度	タイプⅡ	一定水準以上の省エネルギー性能を有する建築物に表示されるマーク．
自動車の燃費性能の評価および公表	タイプⅡ	自動車の燃費性能を示すマークで，省エネ法に基づく燃費基準を達成および5%以上上回る自動車につけられるマーク．
再生紙使用マーク	タイプⅡ	古紙配合率を示す自主的なマーク．
グリーンマーク	タイプⅡ	古紙を規定の割合以上利用していることを示すマーク．
牛乳パック再利用マーク	タイプⅡ	使用済牛乳パックを使用した商品につけられるマーク．

4.1 環境の見える化技術 —— 181

間伐材マーク		タイプⅡ	間伐材を用いた製品につけられるマーク.
ペット（PET）ボトルリサイクル推奨マーク		タイプⅡ	ペット（PET）ボトルをリサイクルした商品につけられるマーク.
低排出ガス車認定		タイプⅡ	自動車の排出ガス低減レベルを示すマークで，低減レベルにより「超，優，良」の3段階がある.
環境共生住宅認定制度		タイプⅡ	地球環境の保全，周辺環境との親和性および居住環境の健康・快適性を包括した環境共生住宅を認定する制度.
FSC認証制度（森林認証制度）		タイプⅡ	適切な森林管理およびその森林からの木材・木材製品を認証する制度.
PEFC森林認証プログラム		タイプⅡ	持続可能な森林管理やそこから産出される木材を原材料とする木製品，紙製品を第三者が認証する制度.
衛星マーク		タイプⅡ	一定の環境に関連する基準を満たすマットレスに表示されるマーク.
環境主張建設資材の適合性証明	マークなし	タイプⅡ	建材材料の品質性能とあわせて申請者の主張する環境主張項目審査を行い，その妥当性を評価するもの.
バイオマスマーク		タイプⅡ	生物由来の資源（バイオマス）を利活用し，品質および安全性が関連法規，基準，規格等にあっている商品につけられるマーク.

エコガラス	ロゴ タイプⅡ	遮熱・断熱性能に優れるLow-E複層ガラスを板硝子協会会員各社がエコガラスという共通の呼称と共通ロゴマークを使用する制度.
バタフライロゴ	ロゴ タイプⅡ	印刷のプロセスの中で最も環境配慮がされたオフセット印刷方式を使用していることを環境保護ロゴにて明示する制度.
Marine Stewardship Council (MSC)	ロゴ タイプⅡ	責任ある漁業を推奨するため,「海のエコラベル」とも呼ばれる,漁業製品の環境認証を提供する制度.
マリン・エコジャパン	ロゴ タイプⅡ	資源の持続的利用や生態系の安全を図るための資源管理活動を積極的に行っている生産者の水産物を認定する制度.

参照:産業構造審議会環境部会第7回産業と環境小委員会. 参考資料2 平成21年4月21日.

―― コラム ――

3つのタイプのエコラベル

　製品やサービスの購買者のために,それらにラベルを貼付することによって,製品やサービスの環境情報を「見える化」したものがエコラベル(環境ラベル)である. 2010年7月現在,世界207カ国に328種類以上のエコラベルが存在している(Ecolabel Indexホームページ). なお,この数字には,企業が自社製品のためだけに準備しているものは,ほとんど含まれていない.

　ラベルであっても,製造者が独自で環境に配慮した製品だと判断して貼付したラベルと,第三者が定めた基準の下に認定し貼付したラベルとでは,ラベルの持つ意味が異なる. これらの間では,枠組みや運用についても異なるため,ISO(国際標準化機構)では,後者のようなものをタイプⅠ,前者のものをタイプⅡとして,エコラベル制度の枠組みを定めている.

　また,タイプⅠのエコラベルでは,製品のライフサイクルを考慮して運営機関が定めた基準を満たしたかどうかで判断され,満たせば貼付が許可される. このような制度は,ラベルの有無で判断できるため,購買者にとってはわかりやすい. 一方で,その基準を満たす製品の間での区別は困難である. そこで,詳細な環境情報を定量的に提供するエコラベルが,タイプⅢとして,同じく

ISOにおいて規定されている．タイプⅢでは，LCAにより定量的に環境負荷を導出し，第三者により認証される．認証されればラベルが貼付されるが，ここでは環境負荷の多寡による判断はされていない．購買者は，提供される様々な環境負荷因子のライフサイクルでの誘発量や環境影響を見て判断する必要がある．

日本では，タイプⅠエコラベルとしてエコマークが，タイプⅢエコラベルとしてエコリーフ環境ラベルがある．

エコマーク事務局ホームページ：http://www.ecomark.jp/

エコリーフ環境ラベルホームページ：http://www.jemai.or.jp/ecoleaf/index.cfm

Ecolabel Indexホームページ：http://www.ecolabelindex.com/（アクセス日 2010年7月14日）

コラム

エコロジカルフットプリント

Rees（1992）は，環境収容力をわかりやすく見せる化し，「人間活動が地球環境を踏みつけた足跡」と比喩し「エコロジカルフットプリント」という概念を誕生させた．その定義は，「ある特定の地域の経済活動，またはある特定の物質水準の生活を営む人々の消費活動を永続的に支えるために必要とされる生産可能な土地および水域面積の合計」とされた．その後，エコロジカルフットプリントは，生物学的な生産力に対する人類の需要の程度を表す指標として使われている．

自然環境保護団体NGOのWWF（World Wide Fund for Nature：世界自然保護基金）では，この指標を隔年発行の「生きている地球レポート」にて発表している．本団体の計算では，人間による消費と廃棄物生成に必要な面積を，食料や繊維や木材の供給，建設用地，そして化石燃料の燃焼によって発生するCO_2を吸収するために必要な生物学的な生産力のある土地と水域の面積とし，地球の生物生産力は，人類の需要に対応するために利用できる耕作地，牧草地，森林，漁場などを含む，生物学的な生産力のある地域の総面積としている．本レポートによると，1960年には0.5個の地球の生産力分の需要であったが，年々需要が増大し，1980年代後半以来，人類は1つの地球の生物生産力を超過している状態にある．2003年時点では，約1.25個分の地球の生物生産力を消

費しているとしている．また，2003年時点の国別では，アラブ首長国連邦が約12倍で最も大きく，次いでアメリカ合衆国が約9.5倍，わが国は27番目で約4.5倍のエコロジカルフットプリントと発表されている．同様に，世界で63カ国もの国が，このような環境に対する債務超過に陥っている．

コラム
カーボンフットプリント

1つの商品・サービスの原材料調達から廃棄・リサイクルに至るまでのライフサイクル全体を通して排出される温室効果ガス（温暖化効果ガス）の排出量をCO_2量に換算して，当該商品およびサービスに簡易な方法でわかりやすく表示する仕組みをカーボンフットプリントと呼ぶ．先のエコロジカルフットプリントと同様の見せる化指標であるが，エコロジカルフットプリントが地球の環境容量で原単位化されていたのに対し，本指標は物理量として見せる指標となっている．この仕組みは，あらゆる財・サービスに適用することが可能であり，産業界と消費者1人1人が，低炭素社会の実現に向けて，賢く，そして責任ある行動をとるための見せる化といえよう．

本指標の算定に際しては，本書2.1で解説したLCAが用いられる．算定に用いるデータは，算定事業者が自らの責任において収集する一次データの使用が望まれるが，信頼性の確保と事業者側負担の効率化との適切なバランスが重要である．また，商品によって，算定に必要な前提条件や仮定（算定範囲，カットオフ基準，配分の考え方，シナリオ設定等）が異なることが考えられるが，同一分野で異なる前提条件が乱立しないよう商品種別算定基準（PCR: product category rule）が策定されている．「カーボンフットプリントの在り方（指針）」の概要を別途章末に掲載するので，参考にされたい．

参考：産業構造審議会環境部会第7回産業と環境小委員会，参考資料2，平成21年4月21日．

4.2 環境社会のデザインに向けて

われわれは，工業化社会の発展により，多大の恩恵を受け，科学技術を発展させるパワーと道具を得た．このことは，負の側面として地球環境に多大で深刻な事態をもたらしている．これは，工業化の進展による外部経済とし

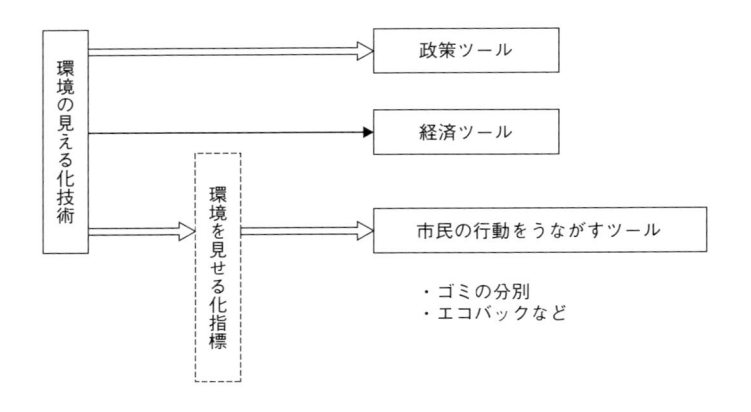

```
環境の見える化技術 ──→ 政策ツール
              ──→ 経済ツール
              ──→ 環境を見せる化指標 ──→ 市民の行動をうながすツール
                                      ・ゴミの分別
                                      ・エコバックなど
```

ての環境影響が顕在化するのに時間が要するのと，顕在化する場所が広範囲に渡り，「見えなく」なっていることに起因する．人類が今後持続的な発展を遂げるには，「工業化社会」の構築を補正して，新たな「環境適合型工業化社会」である「環境社会」に向けた方向転換を模索することが求められている．そのためには，環境とは何か，地球環境対策としてその時点で最適なものは何かが求められており，将来にわたり，どのような事態が定量的に想定されるかを，できるだけ精度よく「見える化」する技術が求められている．それは，ある種の「予測シミュレーション技術系」が有効であろうが，その場合提示される解は，どの範囲（バウンダリー）に至るか，どこまでの時間軸を予測したかを明確に示したものが求められる．それらはその時点での最適な方策に有効な示唆を与えることになる．この「見える化」により，その時点での最適な「環境社会」がデザインされ，「見せる化指標」などで市民と一緒になったより効率的な活動が可能となる．具体的には，排出権取引などの経済的ツールの導入や，リサイクル法などの政策ツールとしての法規制の導入などにより，公平な全員参加型合意に基づく，合理的にデザインされた「環境社会」に近づくことになる．この場合に重要なことは，このデザイン化された「環境社会」としての目標は，すべての人々，セクター，グループがより公平で合理的で効率的であると納得して取組む必要がある．そして常に新たな技術開発により，このサイクルは更新され，その時点，時点でさらに最適な解へと進化していくことが重要である．生物が進化してきたように，外

部条件の変化を常に克服して，多様な取組みによる進化過程を内在させたデザイン社会の構築が求められる．

　本書においては，まず，材料利用の領域において，新たな工学的研究開発成果の社会への応用が，これら「環境社会」への発展にどのような影響を及ぼすかを定量分析する手法―ツールの開発状況について解説した．今後，これらのツール群が「環境社会」への合理的デザインツールとして発展していくことを望むものである．

参考文献

Rees WE (1992): Ecological footprints and appropriated carrying capacity: what urban economics leaves out, *Environment and Urbanization*, 4, 121-130.

WWF (2006): 生きている地球レポート 2006, WWF international, Gland, Switzerland.

付録

【カーボンフットプリントの定義】
　商品・サービスの原材料調達から廃棄・リサイクルに至るまでのライフサイクル全体を通して排出される温室効果ガスの排出量を CO_2 量に換算して，当該商品およびサービスに簡易な方法でわかりやすく表示する仕組み．

【導入が期待される分野】
・あらゆる財・サービスに適用することが可能．
・商品分野については，日常的に購入（商品選択）の機会が多い日用品などの非耐久消費財から導入．
・耐久消費財においても，既存のLCA手法による算定が行われているものから早期に導入し，将来的にはそれ以外にも導入を検討．
・サービス分野については，運輸・民生業務部門などにおいて検討を進める．

【制度の目的】
　産業界と国民1人1人が，低炭素社会の実現に向けて，賢く，そして責任ある行動をとるために，CO_2 排出量の「見える化」によって，
・事業者はサプライチェーンを構成する企業間で協力して，さらなる削減に努める．
・消費者は提供された情報を有効に活用して自らの消費生活を低炭素なものに変革する．
・排出量の削減努力のアピールと捉え事業者の削減努力を促すアプローチと，使用・廃棄段階の排出量の認識等を通じた消費者の削減努力を促すアプローチ．

【算定方法の在り方】
　　➤　算定対象とする温室効果ガス
　　　　京都議定書の対象となっているガス（二酸化炭素（CO_2），メタン（CH_4），亜酸化窒

素（N_2O），ハイドロフルオロカーボン類（HFCs），パーフルオロカーボン類（PFCs），六フッ化硫黄（SF_6）．
- 算定式
 CO_2 排出量＝Σ（活動量 i × CO_2 排出原単位 i）：i はプロセス
- 算定範囲
 ライフサイクル全体（5段階）での算定を基本．商品の機能を満たす範囲でありかつ CO_2 排出量への寄与の大きさの観点から，無視できないプロセスを含めるように設定．
     ①原材料調達段階，②生産段階，③流通・販売段階，④使用・維持管理段階，⑤廃棄・リサイクル段階
- 1次データと2次データ
  - 1次データ：算定事業者が自らの責任において収集するデータ．
  - 2次データ：自ら収集することが困難で共通データや文献データ，LCA の実施例から引用するデータのみによって収集されるデータ．
  - 算定に当たっては，原則1次データを取得することとし，2次データはこれが困難な場合に限る．
- シナリオの設定
  - 流通・販売段階，使用・維持段階において，様々なケースが想定され，そのたびに表示を変更することが困難であることから，シナリオを設定できる．
  - シナリオ作成時には，関係事業者を交えた公正・公平な議論に努め，必要があれば拡大・縮小という見直しも可能としておく必要．
- 配分（アロケーション）
  - 生産段階や流通・販売段階で複数種類の商品が混在するプロセス（例：常温/冷蔵/冷凍販売等）が想定されたりする場合は，全体の排出量から個別商品の排出量を推計（配分）．配分方法（重量比・経済価値比等）は，商品特性やプロセス特性に応じて PCR の際定めていく．
- カットオフ基準
  - 商品を構成する部品・材料のうち，ライフサイクル全体での算定結果に大きな影響をおよぼさないものは，算定対象から除外することができる（カットオフ）．
  - カットオフする場合は，各ライフサイクルステージの CO_2 総排出量に対して，それぞれ5% 以内とする（PCR 策定基準にて規定）．
  - 具体的内容や適用範囲は，公正な議論を踏まえ，PCR 作成の際に恣意的に選択し排出量を低く表示することがないようにする．
- 複数サプライヤーからの調達に関する基準
 ・特定の原材料について，複数のサプライヤー（調達先）から調達を行っている場合は，原則，すべてのサプライヤーから1次データを収集しなければならない．
 ・それが困難な場合は，主要なサプライヤーから収集した1次データが50% 以上である場合は，当該1次データを他のサプライヤーの2次データとして使用してもよい（PCR 策定基準にて規定）．
- 商品種別算定基準（PCR：Product Category Rule）

- ・算定条件（算定範囲，カットオフ基準，配分の考え方，シナリオ設定等）を定める商品種別基準を策定．同一分野で乱立しないよう一定の公的関与の下で管理される仕組みを検討．

【表示方法の在り方】
- ➢ 表示の基本ルール
  - ・共通ラベルの使用．
  - ・原則として，販売単位あたりのライフサイクル全体排出量の絶対値を表記．単位は「g(kg, t)-CO_2 換算」．実際は「g(kg, t)」の絶対値を表示．
  - ・原則として，商品本体または包装資材に貼付するが，それ以外の表示も選択可能．
  - ・表示事業者は排出量の継続的削減に向けて努力．数値目標は義務づけないが，目標を宣言する場合は追加表示を認める．
  - ・詳細情報のインターネット等での公開．
- ➢ 選択的措置
  基本的な表示に加えて例外的表示を行うことができる．ただし，CO_2 排出量に関するものに限る．
  - ・追加情報表示
  ―従来製品，業界標準値に対する削減率
  ―プロセス（算定段階）別，部品別表示
  ―使用方法に関する表示（使い方により排出量が少なくなるなど）
  ―単位使用量・数量あたり排出量
    - ・耐久消費財における想定寿命（想定使用年数）の併記
    - ・地域差，季節変動，サプライヤー差を伴う表示

【信頼性確保の仕組みの在り方】
- ➢ 独立した公正な第三者による検証の仕組みを検討．
- ➢ 信頼性の確保と事業者側負担の効率化との適切なバランスが重要．

【制度の実用化・普及】
- ➢ 政府，消費者団体，事業者等による積極的な PR・啓発活動の展開による認知度の向上．
- ➢ 算定等に伴うコストの適正な転嫁についてすべての事業者が共通認識を持ち，消費者には理解を深めていく．
- ➢ 信頼性・汎用性・網羅性が高く，可能な限り最新のデータが適切に整備・管理されることが望まれる．これらの条件が確保されるよう，国が一定の関与に努める．

【他の制度・アプローチとの関係】
- ➢ カーボンオフセットへの適用可能性や第三者検証の相互関連等．
- ➢ 環境家計簿における商品・サービスの CO_2 排出量の活用．

【他の国際ルールとの整合性】
- ➢ 貿易障害的な影響を与えず，公正な競争の基盤となりうるように，WTO 協定等を踏まえつつ ISO 規格等との国際整合性に十分配慮．

参照：産業構造審議会環境部会第 7 回産業と環境小委員会，参考資料 2，平成 21 年 4 月 21 日．

索引

ア行

アルミニウム　157
易解体設計（DfD）　99, 174
インベントリ分析　12
エコマーク　184
エコラベル　180, 183
エコリーフ環境ラベル　184
エコロジカルフットプリント　184
オゾン層破壊　178
温室効果ガス　178

カ行

ガウス分布　43
拡大生産者責任（EPR）　29, 99
確率密度関数　37
下限値　160
加工スクラップ　121
　　──発生率　125
加工歩留り　125
カーボンフットプリント　185
環境合理性　i, 7
環境社会　2
環境の見える化技術　177
環境の見える化ツール　9
環境マネジメントツール　9
間接輸出入　121
感度　166, 168
　　──解析　154, 163
ガンマ関数　43
ガンマ分布　37, 45
機械分離　100
行列法　12, 14, 22
許容濃度　160, 163, 166
クレジット　23
経済合理性　i

経済メカニズム　7
原料パルプの使用回数　149
工業化社会　3
合金成分　157
古紙使用率　151
コホート分析　27
ゴンペルツ曲線　72

サ行

最弱連鎖モデル　38, 40
最終状態　82
最終処分量　53
再生地金　168
最適化　89, 157
サプライチェーン　49
　　──マネジメント　4
産業エコロジー　49
酸性雨　178
自家発生スクラップ　121
シグモイド曲線　69
資源エネルギー枯渇問題　3
資源生産性　7, 53
指数分布関数　41
社会蓄積量　34
修正指数曲線　73
寿命分布　126
　　──関数　126
　　製品──　26
循環型社会形成基本法　6
循環型社会形成推進基本計画　7, 53
瞬間故障率　41
循環利用率　53
上限値　160
使用状態　82
状態推移　79, 140
　　──確率　145

191

――確率行列　81, 140, 149
――表　139
使用中ストック　61
新規投入量　34
新地金　160
――消費量　167
――必要量　165, 168
浸出モデル　65
伸銅品　122
信頼性工学　41
推移量　140
数理計画法　111
スクラップ材　160
正規分布　37, 43
斉時マルコフ連鎖　80
製品寿命分布　26
成分調整　159
制約条件　89, 90
接続グラフ　104, 112
遷移確率行列　87
遷移マトリックス　111
線形計画　92
――法　89, 92, 159
素材の使用回数別割合　145
存在台数　26, 37

タ行

対数正規分布　37, 44
退蔵ストック　61
単体分離率　172
地球温暖化　3, 178
蓄積純増　53, 59
蓄積量　34, 129
積み上げ法　12
ツールボックス　10
手解体　100
デュアルチェーン　49
――マネジメント　4, 116
電線　122
銅合金素材　119
銅素材　119
動態分析　29
トップダウン手法　65, 66

トランプエレメント　89, 159
――許容濃度　168
――濃度　160, 162, 163, 165

ナ行

ノンパラメトリック　37, 126

ハ行

廃棄台数　26, 37
廃棄量　34
廃電気電子機器（WEEE）　100
パラメトリック　37
フォン・フェルスター方程式　33
物質ストック　60
――量　129
物質のライフサイクル　49
物質フロー分析（SFA）　53
平均使用回数　145
閉ループサイクル　121
ボトムアップ手法　65
ポピュレーションバランスモデル（PBM）　26, 119, 122

マ行

マッケンドリック方程式　32
マテリアル環境工学　9
マテリアルピンチ解析　89, 157
マテリアルフロー　155
――図　133
――分析（MFA）　49, 119
マルコフ性　80, 138
マルコフ連鎖モデル　77, 79, 137, 140, 148, 155
見せる化技術　179
見せる化指標　179
盲目的探索法　111
木材パルプ　137, 148, 151
目的関数　90
もの作り立国　4

ヤ行

優先順位マトリックス　112

ラ行

ライフサイクル　49, 179
　——アセスメント（LCA）　11
　——機能量　77, 87, 140, 145, 148, 149, 151
　——機能量解析　137
リサイクル　23, 157
　——材　157, 160
　——チェーン　49
　——チェーンマネジメント　5
　——ポテンシャル　29
離散型関数　33
累積分布関数　37
老廃スクラップ　121
ロジスティック曲線　70
ロジスティックモデル　33

ワ行

ワイブル分布　37, 38, 127

アルファベット

AND/OR グラフ　109, 169
CO_2 排出削減効果　173
DfD　99, 174
Economy-wide MFA　51
End of Life　5
EPR　29, 99
ISO 14040　11
IU 仮説　68
J-P マトリックス　104, 169
LCA　11
MFA　49, 119
NP 完全　110
PBM　26, 119
SFA　53
Sound Material Cycle　6
WEEE　100
WIO-MFA　64

著者紹介

足立芳寛（あだちよしひろ）　東京大学大学院工学系研究科マテリアル工学専攻教授（環境マネジメント工学講座）
1947年生れ　京都大学工学部卒（工学博士）　通商産業省（現：経済産業省）技術審議官を経て現職
日本学術会議連携会員，経済産業省産業構造審議会「環境小委員会」委員，（社）日本鉄鋼協会「学術功績賞」ほか
『環境システム工学』（東京大学出版会），『エントロピーアセスメント入門』（オーム社），『新エネルギー技術入門』（オーム社）ほか

松野泰也（まつのやすなり）　東京大学大学院工学系研究科マテリアル工学専攻准教授（環境マネジメント工学講座）
1967年生れ　東京大学大学院工学系研究科化学システム工学専攻博士課程修了（工学博士）　工業技術院資源環境技術総合研究所，独立行政法人産業総合技術研究所を経て現職
長年にわたり，ライフサイクルアセスメント（LCA）及びマテリアルフロー（MFA）に関する研究に従事
『環境システム工学』（東京大学出版会），『IT社会を環境で測る―グリーンIT』（産業環境管理協会），『エコマテリアル・ガイド』（日科技連出版社）

醍醐市朗（だいごいちろう）　東京大学大学院工学系研究科マテリアル工学専攻講師（環境マネジメント工学講座）
1975年生れ　京都大学大学院エネルギー科学研究科博士課程修了（博士（エネルギー科学））　㈱日本総合研究所，東京大学大学院工学系研究科マテリアル工学専攻助教を経て現職
ライフサイクルアセスメント（LCA），マテリアルフロー（MFA）を主とした産業エコロジー分野での研究に従事．
『環境システム工学』（東京大学出版会）

執筆協力者

栢森　健　ダイコク電機㈱代表取締役専務
　　　　　元・東京大学大学院工学系研究科マテリアル工学専攻研究生
栢森雅勝　㈶栢森情報科学振興財団理事長

マテリアル環境工学
デュアルチェーンマネジメントの技術

2010 年 9 月 17 日　初　版

［検印廃止］

著　者　足立芳寛・松野泰也・醍醐市朗

発行所　財団法人　東京大学出版会
代表者　長谷川寿一
113-8654 東京都文京区本郷 7-3-1 東大構内
電話 03-3811-8814　FAX 03-3812-6958
振替 00160-6-59964

印刷所　株式会社精興社
製本所　矢嶋製本株式会社

Ⓒ 2010 Yoshihiro Adachi *et al.*
ISBN 978-4-13-062828-0　Printed in Japan

R〈日本複写権センター委託出版物〉
本書の全部または一部を無断で複写複製（コピー）することは，著作権法上での例外を除き，禁じられています．本書からの複写を希望される場合は，日本複写権センター（03-3401-2382）にご連絡ください．

足立芳寛・松野泰也・醍醐市朗・瀧口博明
環境システム工学 循環型社会のためのライフサイクルアセスメント

A5 判・240 頁/2800 円

玄地 裕・稲葉 敦・井村秀文 編
地域環境マネジメント入門 LCA による解析と対策

A5 判・256 頁/3800 円

佐土原 聡 編
時空間情報プラットフォーム 環境情報の可視化と協働

A5 判・312 頁/4500 円

中田圭一・大和裕幸 編
人工環境学 環境創成のための技術融合　　　A5 判・264 頁/3800 円

登坂博行
地圏の水環境科学　　　A5 判・378 頁/4800 円

登坂博行
地圏水循環の数理 流域水環境の解析法　　　A5 判・358 頁/5200 円

野上道男・岡部篤行・貞広幸雄・隈元 崇・西川 治
地理情報学入門　　　B5 判・176 頁/3800 円

武内和彦・鷲谷いづみ・恒川篤史 編
里山の環境学　　　A5 判・264 頁/2800 円

小野佐和子・宇野 求・古谷勝則 編
海辺の環境学 大都市臨海部の自然再生　　　A5 判・288 頁/3000 円

三俣 学・森元早苗・室田 武 編
コモンズ研究のフロンティア 山野海川の共的世界

A5 判・264 頁/5800 円

井上 真・酒井秀夫・下村彰男・白石則彦・鈴木雅一
人と森の環境学　　　A5 判・192 頁/2000 円

ここに表示された価格は本体価格です．ご購入の
際には消費税が加算されますのでご諒承ください．